思想的・睿智的・獨見的

經典名著文庫

學術評議

丘為君　吳惠林　宋鎮照　林玉体　邱燮友
洪漢鼎　孫效智　秦夢群　高明士　高宣揚
張光宇　張炳陽　陳秀蓉　陳思賢　陳清秀
陳鼓應　曾永義　黃光國　黃光雄　黃昆輝
黃政傑　楊維哲　葉海煙　葉國良　廖達琪
劉滄龍　黎建球　盧美貴　薛化元　謝宗林
簡成熙　顏厥安（以姓氏筆畫排序）

策劃　楊榮川

五南圖書出版公司 印行

經典名著文庫

學術評議者簡介（依姓氏筆畫排序）

- 丘為君　美國俄亥俄州立大學歷史研究所博士
- 吳惠林　美國芝加哥大學經濟系訪問研究、臺灣大學經濟系博士
- 宋鎮照　美國佛羅里達大學社會學博士
- 林玉体　美國愛荷華大學哲學博士
- 邱燮友　國立臺灣師範大學國文研究所文學碩士
- 洪漢鼎　德國杜塞爾多夫大學榮譽博士
- 孫效智　德國慕尼黑哲學院哲學博士
- 秦夢群　美國麥迪遜威斯康辛大學博士
- 高明士　日本東京大學歷史學博士
- 高宣揚　巴黎第一大學哲學系博士
- 張光宇　美國加州大學柏克萊校區語言學博士
- 張炳陽　國立臺灣大學哲學研究所博士
- 陳秀蓉　國立臺灣大學理學院心理學研究所臨床心理學組博士
- 陳思賢　美國約翰霍普金斯大學政治學博士
- 陳清秀　美國喬治城大學訪問研究、臺灣大學法學博士
- 陳鼓應　國立臺灣大學哲學研究所
- 曾永義　國家文學博士、中央研究院院士
- 黃光國　美國夏威夷大學社會心理學博士
- 黃光雄　國家教育學博士
- 黃昆輝　美國北科羅拉多州立大學博士
- 黃政傑　美國麥迪遜威斯康辛大學博士
- 楊維哲　美國普林斯頓大學數學博士
- 葉海煙　私立輔仁大學哲學研究所博士
- 葉國良　國立臺灣大學中文所博士
- 廖達琪　美國密西根大學政治學博士
- 劉滄龍　德國柏林洪堡大學哲學博士
- 黎建球　私立輔仁大學哲學研究所博士
- 盧美貴　國立臺灣師範大學教育學博士
- 薛化元　國立臺灣大學歷史學系博士
- 謝宗林　美國聖路易華盛頓大學經濟研究所博士候選人
- 簡成熙　國立高雄師範大學教育研究所博士
- 顏厥安　德國慕尼黑大學法學博士

經典名著文庫049

改造傳統農業

希歐多爾・威廉・舒爾茨 著
(Theodore William Schultz)
梁小民 譯

經典永恆・名著常在

五十週年的獻禮・「經典名著文庫」出版緣起

總策劃 楊榮川

五南，五十年了。半個世紀，人生旅程的一大半，我們走過來了。不敢說有多大成就，至少沒有凋零。

五南忝爲學術出版的一員，在大專教材、學術專著、知識讀本出版已逾壹萬參仟種之後，面對著當今圖書界媚俗的追逐、淺碟化的內容以及碎片化的資訊圖景當中，我們思索著：邁向百年的未來歷程裡，我們能爲知識界、文化學術界做些什麼？在速食文化的生態下，有什麼值得讓人雋永品味的？

歷代經典・當今名著，經過時間的洗禮，千錘百鍊，流傳至今，光芒耀人；不僅使我們能領悟前人的智慧，同時也增深我們思考的深度與視野。十九世紀唯意志論開創者叔本華，在其〈論閱讀和書籍〉文中指出：「對任何時代所謂的暢銷書要持謹慎的態度。」他覺得讀書應該精挑細選，把時間用來閱讀那些「古今中外的偉大人物的著作」，閱讀那些「站在人類之巔的著作及享受不朽聲譽的人們的作品」。閱讀就要「讀原著」，是他的體悟。他甚至認爲，閱讀經典原著，勝過於親炙教誨。他說：

「一個人的著作是這個人的思想菁華。所以，儘管一個人具有偉大的思想能力，但閱讀這個人的著作總會比與這個人的交往獲得更多的內容。就最重要的方面而言，閱讀這些著作的確可以取代，甚至遠遠超過與這個人的近身交往。」

爲什麼？原因正在於這些著作正是他思想的完整呈現，是他所有的思考、研究和學習的結果；而與這個人的交往卻是片斷的、支離的、隨機的。何況，想與之交談，如今時空，只能徒呼負負，空留神往而已。

三十歲就當芝加哥大學校長、四十六歲榮任名譽校長的赫欽斯（Robert M. Hutchins, 1899-1977），是力倡人文教育的大師。「教育要教眞理」，是其名言，強調「經典就是人文教育最佳的方式」。他認爲：

「西方學術思想傳遞下來的永恆學識，即那些不因時代變遷而有所減損其價值的古代經典及現代名著，乃是眞正的文化菁華所在。」

這些經典在一定程度上代表西方文明發展的軌跡，故而他爲大學擬訂了從柏拉圖的《理想國》，以至愛因斯坦的《相對論》，構成著名的「大學百本經典名著課程」。成爲大學通識教育課程的典範。

歷代經典．當今名著，超越了時空，價值永恆。五南跟業界一樣，過去已偶有引進，但都未系統化的完整舖陳。我們決心投入巨資，有計畫的系統梳選，成立「經典名著文庫」，希望收入古今中外思想性的、充滿睿智與獨見的經典、名著，包括：

- 歷經千百年的時間洗禮，依然耀明的著作。遠溯二千三百年前，亞里斯多德的《尼各馬科倫理學》、柏拉圖的《理想國》，還有奧古斯丁的《懺悔錄》。
- 聲震寰宇、澤流遐裔的著作。西方哲學不用說，東方哲學中，我國的孔孟、老莊哲學，古印度毗耶娑（Vyāsa）的《薄伽梵歌》、日本鈴木大拙的《禪與心理分析》，都不缺漏。
- 成就一家之言，獨領風騷之名著。諸如伽森狄（Pierre Gassendi）與笛卡兒論戰的《對笛卡兒沉思錄的詰難》、達爾文（Darwin）的《物種起源》、米塞斯（Mises）的《人的行爲》，以至當今印度獲得諾貝爾經濟學獎阿馬蒂亞・森（Amartya Sen）的《貧困與饑荒》，及法國當代的哲學家及漢學家余蓮（François Jullien）的《功效論》。

梳選的書目已超過七百種，初期計劃首爲三百種。先從思想性的經典開始，漸次及於專業性的論著。「江山代有才人出，各領風騷數百年」，這是一項理想性的、永續性的巨大出版工程。不在意讀者的眾寡，只考慮它的學術價值，力求完整展現先哲思想的軌跡。雖然不符合商業經營模式的考量，但只要能爲知識界開啓一片智慧之窗，營造一座百花綻放的世界文明公園，任君遨遊、取菁吸蜜、嘉惠學子，於願足矣！

最後，要感謝學界的支持與熱心參與。擔任「學術評議」的專家，義務的提供建言；各書「導讀」的撰寫者，不計代價地導引讀者進入堂奧；而著譯者日以繼夜，伏案疾書，更是辛苦，感謝你們。也期待熱心文化傳承的智者參與耕耘，共同經營這座「世界文明公園」。如能得到廣大讀者的共鳴與滋潤，那麼經典永恆，名著常在。就不是夢想了！

二〇一七年八月一日 於

五南圖書出版公司

導　讀

作者生平

希歐多爾．威廉．舒爾茨（Theodore William Schultz）一九〇二年四月出生在南達柯他州西北部的一個農家，擁有五六〇畝的農場。八歲時，父親要他自國小休學幫忙農務，父親認爲身爲長子的舒爾茨，若不留下務農，父親也不想再繼續務農，所以舒爾茨並未上初高中。一九二年年，舒爾茨就讀南達柯他州爲期三年的農業學校；一九二四年取得農業與經濟之學士學位（一九五九年，該校贈與榮譽博士學位）；一九二七年，取得南達柯他州立學院之農業經濟碩士。因第一次大戰後的農業衰退，舒爾茨在一九二九曾赴蘇聯取經；一九三〇年，取得威斯康辛大學的農業經濟博士。

一九三〇至一九四三年舒爾茨任教於愛荷華州立學院，曾任系主任；因與一些同事主張用乳瑪琳取代牛油，影響當地酪農生計，致引起州政府與大學的反對，在此壓力下，一九四三年離開州立學院，轉任教於芝加哥大學。一九四六至一九六一年，舒爾茨任該大學經濟與社會學系系主任；一九六七年，榮任美國經濟學會理事長，且於一九六七年退休，之後在芝加哥大學擔任榮譽教授，直至一九九八年仙逝。

一九六四年之前，舒爾茨對已開發國家農業經濟已有深入瞭解，並出版三本相關著作：《不穩定經濟之農業》（一九四五）、《農業生產與福利》（一九五三）及《農業的經濟組織》（一九五一）；也在學術期刊發表許多文章，大都關注農業政策與經濟的問題。一九五〇年代，許多發展經濟學家認爲農業對經濟發展貢獻不大，爲挑戰這些專家的論點，遂在一九六四年出版本書《改造傳統農業》。

舒爾茨在芝加哥大學任教期間，首先，與智利天主教大學建立合作關係，後來影響了整個拉丁美洲的經濟學教育體制。其次，在愛荷華州乳瑪琳事件與當時政府對農業政策的偏頗等之影響，遂在芝加哥大學極力倡導古典自由主義，建構在經濟學界頗負盛名的「芝加哥學派」。第三，他認爲一個國家的復甦速度，受到人類的身體健康與高等教育的影響尤巨，教育促使人類更具生產力，且好的照護制度可持續教育投資與增進生產，遂《人類資本理論》是他在後半段學術生涯的主要貢獻。舒爾茨在一九八〇年代致力在國際發展倡導職業教育與技術教育，之後也在國際貨幣基金會與世界銀行擔任相關的顧問。

一九七九年，舒爾茨與亞瑟路易斯（William Arthur Lewis）獲頒諾貝爾經濟學獎，舒爾茨是唯一以農業經濟學家獲此殊榮的學者，因其致力在發展經濟學與農業經濟學之關係的研究，分析農業在經濟體系之角色，研究成果對已開發國家之工業化政策具有深遠影響與政策涵義；另一方面，作者獲得此獎主要是在人力資本研究方面，強調人力資源投資是經濟成長的來源，他透過解釋如生產要素之土地、勞動及資本等之變動，可影響經濟成長。除此之外，舒爾茨曾獲得八項榮譽學位，二〇一二至二〇一三年之間，南達柯他州立大學建置一所以舒爾茨爲名的學生宿舍，供攻讀農業相關的學生入住。

綜合上述有關舒爾茨的一生，他是一位經濟學發展之傑出創新者，倡導學術自由，熱心照顧周邊的同事與學生，也是一位成功的學術行政工作者。早期支持政府的行動，尤其在農業政策方面，但人生的後半段，則由農業政策轉向低所得國家經濟發展過程之研究，遂主張市場分工，而成爲一位古典自由主義的倡導者。

本書之時代背景與社會環境

一九五〇年代，因古典經濟學家與馬克斯認爲，在都市與工業部門發展過程，農業是提供大部分勞力、資本及企業家精神之來源，尤其是對一般經濟發展更爲如此；由此，引申在傳統農業是有勞動過剩與勞動邊際生產力爲零之學說，遂認爲農業對經濟成長之貢獻很少，而經濟成長需依賴工業發展與轉出農業資源；若農業勞動力可移出或移轉到都市，對農業生產並無不利的影響，在開發中國家的農民對經濟誘因並無反應，只受其傳統行爲與文化之引導。舒爾茨認爲此等學說不但是錯誤的，而且政策決策者接受此等論點更是大大傷害國家，尤其對農業更是不利。

在當時的環境，不論農業經濟學者或發展經濟學者皆缺乏了解農業的經濟潛力。就前者而言，他們不去研究農業對國民所得的成功貢獻，不去驗證農民所面臨的問題，認為經濟成長不是來自農業，且認為傳統農業是人類學家的主題。就後者而言，他們以總體經濟模式去看農業大量生產的問題，至於農業成長潛力是沒理論依據的；也未應用實證去了解農業成長來源的行為，太過於理論化來解釋，而以「技術改變」作為其主要的理由，認為此改變是「資本與勞動」之殘餘部分，且未詳加解釋，認為農業部門是先天落後，農民是粗曠的；此等經濟學者之結論是：「傳統農業的經濟是停滯的，農民主要學習其工作與節儉的經濟價值，就得以解決」。舒爾茨不認為，此等缺乏經濟知識的理念可孕育為學說。

提出上述學說之經濟學者，一方面是重農主義者，依據的原理是僅有農業具生產力，尤其在提高單位面積產量方面，相信當工業與貿易不景氣時，只有傳統農業的勞工是可具有基本維生的能力，他們的工作精神可獲取賺款及具有剩餘（即李嘉圖的第三種地租）。另方面，是古典經濟學者基於資本累積、馬爾薩斯人口論及農業生產報酬遞減的歷史定律等，構成一個明顯的動態學；他們認為農業所依賴的土地是固定供給，致當糧食需求增加，由土地而來的地租提高，吸收一些經濟成長過程的成果及土地所有者變得更富有；但馬克斯不認同馬爾薩斯的人口論，卻接受李嘉圖的地租論。由於馬克斯忽視當農產品產量增加時，生產成本是下降的事實，尤其可和古典經濟學者認為製造業成本下降來比較的。馬歇爾相信，廉價的交通與新土地開發只是暫緩農地地租的上漲速度。

基於上述背景與社會環境，舒爾茨認爲上述學說經不起時間的考驗，除一些農業基本主義外，現沒有人相信如重農主義者之主張。某些保守主義、生物學家及人口學家等仍堅持相信，在農業報酬遞減之歷史定律仍唯一在農業存在，與上述古典主義看法之差異，在於農業與製造業之生產成本條件是不同的。同樣地，農場規模變大後，將必然減少生產成本，由此可否定馬克斯的論點。依此，舒爾茨認爲上述的學說是沒有邏輯基礎，蓋其需要實證及檢定其發現。

另一是在一九三〇年代經濟大蕭條之後，所產生的隱性失業的問題，引申出零值農業邊際生產力之學說。因土地改革，地租對經濟功能無所協助，致李嘉圖地租論又回到沒有賺款的情況，導致糾結馬克斯與李嘉圖的共同論點。

本書之思想傳承與改造

《改造傳統農業》一書有十二章，第一章至第六章，旨在解析傳統農業在轉化時所面臨的問題及其特性；第七章至第十章，旨在陳述影響傳統農業轉化之因素；第十一章至第十二章，旨在強調農民利用新生產要素與農業投資等策略。舒爾茨界定傳統農業部門的概念，它是經濟結構之一部門，特別是由植物和動物（含家禽）而組成產品類，有些產品尚包含工業用之纖維和原物料；一般可將農業部門生產活動分爲：農民的生產系統、由非農民所生產的投入要素及非農民所執行之農產品運輸、行銷及加工。

本書是有關傳統農業轉化之理論，又稱爲「舒爾茨理論」，意味基於農民世代所利用整體生產要素之農場經營，此類型農業通常所生產的所得是很低的，故舒爾茨想解決的是，如何讓傳統農業能夠轉型成爲高生產力的農場經營。他認爲此等問題，仍是投資的問題，但並不是簡單地將資本投入農業就可解決的，而是要決定以什麼形式之農業投資；故進一步指出，農業部門除非採取高成本，並不能只以伴隨傳統農業要素的投入，即全然要新型的生產要素投入，故「舒爾茨理論」又可稱爲「現代化理論」。

基於此，舒爾茨指出另外要考量的問題：⑴農業社區的所得能夠藉由更有效生產要素之分配來提高嗎？⑵在不同國家的農業部門，哪些生產要素可促其有不同的成長率？⑶何種環境可促進農業投資？舒爾茨認爲傳統農業資源分配是有效率的，故重分配要素投入並沒有多大助益，只要關注前述第二個問題，且是問題的核心。不同土地的品質至少是重要的，在實體資本存量（不論質與量）之差異也是很重要。無論如何，對農業成長率確實很重要的，是實體本質的差異必須與完成農場勞力和決策者的才能差異是有關的。實際上，並未關注在傳統農業應投入什麼樣的資本型態，現代化要素必須被採用，除非農民有採用誘因，否則不會被落實，依「舒爾茨理論」，農民及其才能是此採用過程的關鍵。

舒爾茨指出，在傳統農業的人們通常是很窮的，他們不用文化特性如節儉、勤奮及熱情去解釋此貧窮問題，他們會引用 Occam's Razor 之概念，在文化價值並不必然有差異，因可用簡單的經濟因素去解釋就可以，蓋勞動邊際生產力價値低，故沒誘因更努力工作；且資本邊際生產力低，也沒有儲蓄的誘因。舒爾茨會有如此的結論，仍是基於以下的理由：傳統農業是一個特殊經濟均衡的型態，就事後觀點，此均衡是在時間過程中逐漸達成，但必須有些條件；就事前觀點，在相同條件，農業部門在長期下也會達到此均衡境界。而此等條件有：⑴耕種技藝維持不變；⑵對所得來源持有與需要的偏好和動機維持不變；⑶在要素生邊際生產力近於零的條件下，長久而言，對上述需求狀況維持不變。這些條件是非常重要的，因傳統農業之經營已持續好幾個世代，要素投入並未明顯改變；同樣地，投入在農場經營的知識也是長久沒有改變，此期間的嚐試錯誤已結束，而現代技術已存在，支配行爲的偏好與動機亦然。舒爾茨提出的理由非常簡單，若沒有其他原因，那是很困難去接受改變與進一步發展。

上述情況下之傳統農業，其投資報酬率是非常低的。當農業走向穩定過程，投資在傳統農業之要素的獲利是逐漸下降的，直至靜置狀態達到爲止，再沒有新要素的引入，而舊有要素的生產力也已是確知；在此情況下，傳統農業之農民爲何不採用新的投入要素？舒爾茨認爲，關於新式資本引入之風險與不確定性等因素的存在，不足以解釋不能走向現代化的理由，蓋因農民行爲在傳統與現代農業之間並沒有差異，在考量風險下，所關注的是獲利性。

舒爾茨不認同因傳統農業是被世界隔離的，故其農民不採用創新，他們僅是具基本維生的農業工作者。基於此，傳統農業基本上仍爲市場而生產，他們涉及較廣泛的產銷系統，即販售農產品至市場，且購入他們沒生產的投入要素。就此類型的傳統農業，舒爾茨進一步提出假說，因長期沒有外在因素破壞均衡，傳統農業之農民是藉助相同生產要素與技藝方法，年復一年耕種相同的作物。因此，假說一是：「在傳統農業生產要素的配置，是相對上比較缺乏效率性」。

除非有下列的改變發生，否則每一年是不變的，相關的改變如建造新的公路或鐵路，就會在幾年後影響農民去採用它；或建造新的水庫、灌溉系統，控制水患和減少土壤腐蝕等，就會改變農民的日常經濟活動，因嚴重水患或乾旱，是造成失衡的來源。但有些貧窮農業社會例外，因其受制於政治條件，如徵兵制度，或用戰爭破壞人類和非人類的資源；或因外在貿易條件改變引發農產品價格大幅變動，可能就抵消掉他們平靜的經濟生活。就現在而言，這些干擾傳統農業均衡的外在因素，常被用在農業生產有用的知識，若貧窮的農業社會或多或少因應這些外在因素，就可脫離傳統農業是「有效率但貧窮」的假說。

至於利用什麼生產要素可提升傳統農業的生產力？舒爾茨首先關注傳統要素之單位面積產量，指出在傳統農業之淨資本形成率是低的。有些經濟學者認爲，在此部門資本邊際生產力是高的，存在強烈誘因去儲蓄和投資，但舒爾茨並不認爲如此，故提出假說二：「在傳統農業由傳統生產創造的所得流量之價格（代價）是相對高的」；申言之，在傳統農業資本報酬率是低的。在舒爾茨心目中創造所得來源是如建造灌溉系統、飼養牲畜爲耕鋤與糧食、爲貯藏糧食須有簡單設備與品種保留，加上已有的傳統生產技術。舒爾茨認爲當農民受限於此等要素的選擇，他們支付此等要素之價格是高的，在社會可用總資本存量少的事實，不必然用來解釋增進投入有高利潤的一個理由。由於傳統要素的資本累積已有長久時間，其總存量是小的，故或多或少不再繼續累積，它是相同的資本再投資低獲利的徵兆。

關於對新生產要素的需求，若假設它被提供給傳統農民，如何確定他們有此需求？舒爾茨不用文化行爲去解釋，而基於獲利與否。一項創新要素是否獲利，或不依賴農民支出，是須與此要素所產生的單位面積絕對產量來比較。在此環境下，農民期望積極搜尋新的農業生產要素，舒爾茨應用資訊經濟學進一步比較本益，由此找出影響獲利性的重要生產要素。若無資訊來源，農民是不可能參與新生產要素的搜尋，如在他們周邊的實驗或改良場所來提供此等資訊的來源。舒爾茨認爲教育是解決此問題的關鍵，若農民願意接受一些教育，則可學習新知與搜索資訊過程就容易多了。舒爾茨將必要的學習分爲「新有用知識」和「新有用技術」等兩大類，它們是互補的，所以需要的知識與技術有三種來源：(1)嘗試錯誤，它是昂貴又慢，不可能控制成長，它是傳統農業的方式；(2)在職訓練，農民可透過參與實驗，如討論與示範，它可由農用品公司或政府農政單位來推動，農民之間亦可互相學習，比前者快，但不夠快；(3)學校教育，這是人力資本的一項投資，具有長期的有效率。

農民必要的能力是促進農業現代化的重要因素，如同資本，這些能力可提供相關的生產方法，但它不是免費的午餐，需有成本支出，故學校教育被視爲人力資本之投資。舒爾茨並不否認「沒有學校教育仍可促使傳統農業的維生成長，學校教育在農村地區可提供明顯的生產力效果，尤其後者，通常接受教育後就往都市移動」。但這些不是重要議題，舒爾茨所關注的是學校教育是提供農業有關優良技術生產要素之主要來源，尤其長期連續採用複合性優良技術，則非以學校教育不爲功。最有利的學校教育是國小教育，成本是低的，因讓小孩子早期有機會去認識農業的機會成本是低的，僅涉及學校教育的直接成本。依此，轉化傳統農業的最重要策略，一是教育農民，二是投資在新的農業生產要素，如採用新品種。

本書思想特徵及獨特性

舒爾茨一生專注研究農業發展過程所面臨的經濟問題，用理論方法去解釋低所得國家傳統農業停滯的源由，並以實證來檢定其假說，由此進而確認傳統農業的轉型是有利經濟成長的來源，且討論包含新式生產要素投入與農業人力等的投資。

基於上述學說，本書關注當時開發中國家是如何讓傳統農業轉化成爲高生產力部門之問題，因這種轉化需要在農業進行投資，才有誘因去指導及讓農民獲利，使砂子可變成黃金。準此，本書目的是要證明，在合理的經濟基礎下，爲什麼僅利用農業生產要素之傳統農業在高成本下才可能成長？以過去成長的標準，爲什麼投資在現代化農業生產要素之報酬率是高的？但實際在開發中國家，是關注想要以儘可能低成本來促進其經濟成長。

本書確認傳統農業可被現代化，它成功指出最重要的改變策略。在理論方面，應用所得流量價格論之供需理論，第一優點是：用此概念去分析農業在經濟發展應擔負什麼角色，與其他論點比較，此優點已證明農業可提供經濟成長的吸引力機會；第二優點是：評論已廣泛被接受「在貧窮國家之農業利用土地是非常沒有效率」的看法。

本書之歷史定位

誠如前述，本書主要目的是，尋求傳統農業邁向現代化之可能途徑，故以「現代化理論」或「舒爾茨理論」來凸顯本書受到極高度的肯定，即依舒爾茨所提供的理念，翻轉開發中國家的農業是指日可待，這也是作者獲頒諾貝爾獎的主要原因。另一歷史定位是，在早期農業經濟領域是隸屬在農學的範圍，由於作者不認同此一看法，不論就學術或實務觀點，一方面，農業經濟學應是一般經濟學的一部分；另方面，農業發展也不宜局限在發展經濟學的範圍內，本書有明確的論述；因此，舒爾茨爲農業發展與經濟奠定研究方向。第三之歷史定位是，舒爾茨結合人力資源投資與農業發展與經濟的關係，視農業人力投資是營造創新生產要素的不法二門，給了傳統農業的農民一把增進他們能力的鑰匙。

本書雖有如上正面的定位，但「舒爾茨理論」並非在每個地方皆受到喝采的接受。首先，有學者評論指出它是一本非科學性的書，完全忽略「芝加哥扭曲」現象，舒爾茨應用不好的方法去陳述假說，引用許多沒關係的例子，且未詳述其與假說的關係，誤導此等假說變成理論。其次，是有關方法論的評論，即不應視經濟發展主要是教育的問題，教育非具或多或少之同質性；在開發中國家，教育需兼顧問題內容與提供的制度，本書卻忽略此因素。評論三，是舒爾茨不宜假設所有要素市場是完全競爭，蓋土地的不可分割性，勞動市場是不完全競爭，故農民非如舒爾茨所假設容易落實利潤最大化的願景。評論四，是本書所言之分配效率，並不是技術效率，意味作者假設在傳統農業之技術效率是可以達到的。評論五，是作者忽略人口成長的結果、不想儲蓄與不想投資之意願，或是有儲蓄潛在可能性，尤其後者是另外一個不同於舒爾茨所關注的部門。

本書的精髓

於理論方面，本書提出傳統農業現代化之理論，首先了解傳統農業之特性，其次是指出影響傳統農業邁向現代化之影響因素，最後提出要現代化之策略。爲達成上述，本書提出經濟效率假說和零值勞動邊際假說，說明傳統農業是處在一特殊類型之經濟均衡狀態，也提出所得流量之價格理論，接著是整合人力資源投資與農業現代化之關係；由此，本書被視爲一本敘說「舒爾茨理論」的書籍。

於實務方面，舒爾茨挑戰一九四〇至一九七〇年代的發展經濟學者、重農主義等對傳統農業的不同論點，他也引用一些在印度和瓜地馬拉的實務數據來佐證其假說和論述；強調農業人力資源的投資，不但提升農民素質，而且是開啓農民接受創新要素之門。

本書對後世的影響

於理論方面，建構農業經濟學在教學、研究及推廣之方針，尤其如何去關注與研究開發中國家農業的發展。於實務方面，不論先進或開發中國家皆很重視公共建設，如建水庫和水土保持，以及農業推廣與教育在促進農業發展或轉化過程之角色；如許多國家皆成立相關的農業技術試驗站與改良場，農民組織也參與和協助政府推動農民和社區之教育，如農業技術轉移、家政及四健等活動，及活化農村或再生；以上策略皆是依循本書所提出營造農民採用創新要素與改變機會之啓示作法。

近年來，各國因應氣候變遷，強調友善環境農業，其中如社區支持農業、有機農業、地產地消、鄉村旅遊及食農教育等，皆是呼應本書強調農業人力資源投資、採用創新要素、小朋友提早認識農業及農民互動學習之傳統農業邁向現代化之策略。對從事農業教育的工作者而言，本書強調學校教育需與農業實務結合之必要性，即兼顧理論與實務，對農業發展才有正面的促進力量。

美國喬治亞大學農業與應用經濟學博士　黃萬傳

譯者前言

農業問題是發展經濟學的主要議題之一。農業能不能成爲開發中國家經濟成長的源泉，應該如何改造開發中國家的傳統農業？一直是經濟學家們爭論和研究的中心問題。關於開發中國家農業問題的著作可謂汗牛充棟。然而，美國著名經濟學家、一九七九年諾貝爾經濟學獎獲得者之一舒爾茨在一九六四年發表的《改造傳統農業》一書卻獨樹一幟，至今仍有深遠的影響。

一

希歐多爾·威廉·舒爾茨於一九〇二年出生於美國南達科他州阿靈頓郡的一個德國移民家庭，父親是小農場主。他受教於威斯康辛大學，畢業後先在愛荷華州立大學任教，四〇年代後轉至芝加哥大學任教，一直到一九七二年退休。此外，舒爾茨還曾在美國政府農業部、商務部、聯邦儲備委員會、聯合國糧農組織、世界銀行等機構兼職。退休前爲芝加哥大學名譽教授，現已去世。

舒爾茨早在二十世紀三〇年代就從事農業經濟問題的研究。當時，農業經濟隸屬於農學的範圍。他反對這一傳統，認為農業經濟學應該是一般理論經濟學的組成部分。他堅持按這一看法研究農業經濟問題，為現代農業經濟理論的形成奠定了基礎。二十世紀五〇年代末期後，他又致力於人力資本理論的研究，並被認為是這一領域的開拓者之一。六〇年代後，他把對農業經濟問題與人力資本理論的研究結合起來，研究開發中國家的農業問題，從而對發展經濟學作出了開創性的貢獻。他的主要著作除本書外還有：《不穩定經濟中的農業》（一九四五年）、《農業經濟組織》（一九五三年）、《向人力資本投資》（一九六一年）、《經濟成長與農業》（一九六八年）、《人力資本投資》（一九七一年）等。

由於他在經濟學方面的這些貢獻，特別是由於《改造傳統農業》一書對發展經濟學有著重大的理論和政策意義，他於一九七九年與另一名美國經濟學家亞瑟·路易斯共同分享了當年的諾貝爾經濟學獎。

二

在二十世紀五〇年代初，經濟學家們提出了以工業為中心的發展戰略，認為工業化是發展經濟的中心，只有通過工業化才能實現經濟「起飛」。他們普遍認為，農業是停滯的、農民是愚昧的；農業不能對經濟發展作出貢獻，充其量只能為工業發展提供勞動力、市場和資金。在這種理論的指導下，許多開發中國家致力於發展工業，而忽視了農業。有些國家甚至以損害農業來發展工業。到了五〇年代後期，這種工業化的發展戰略就暴露出了問題。許多開發中國家按這一發展戰略雖然實現了較高的工業成長率，但經濟並沒有眞正得到發展，人民的生活沒有得到多少改善，甚至連吃飯問題也沒有解決。這樣，一些有識之士就對工業化的發展戰略提出了疑問，轉而強調農業問題。《改造傳統農業》正是在開發中國家農業問題方面的一本最重要的著作。

舒爾茨反對輕視農業的看法，他認爲：「並不存在使任何一個國家的農業部門不能對經濟成長作出重大貢獻的基本原因」。歐洲、日本、墨西哥等國正是通過農業而實現了較快的經濟發展。但是，他又強調，開發中國家的傳統農業是不能對經濟成長作出貢獻的，只有現代化的農業才能對經濟成長作出重大貢獻。問題的關鍵是如何把傳統農業改造爲現代化的農業。所以，「如何把弱小的傳統農業改造成爲一個高生產率的經濟部門是本書研究的中心問題」。在解決這一問題時，舒爾茨著重從以下三個方面進行了分析：⑴傳統農業的基本特徵是什麼？⑵傳統農業爲什麼不能成爲經濟成長的源泉？⑶如何改造傳統農業？全書對開發中國家農業問題的論述正是圍繞這三個問題展開的。也正是在這些問題上，舒爾茨抨擊了傳統的觀點，作出了開創性貢獻。

三　如何認識傳統農業的基本特徵？這是改造傳統農業的基本前提，也是長期以來存在著許多錯誤理論的領域。

過去，許多經濟學家往往從一個社會的文化特徵、制度結構或生產要素的技術特徵來論述傳統農業的性質。舒爾茨認為，傳統農業是一個經濟概念，所以不能根據其他非經濟特徵進行分析，而要從經濟本身入手分析。他說：「完全以農民世代使用的各種生產要素為基礎的農業可以稱之為傳統農業」。從經濟分析的角度來看，「傳統農業應該被作為一種特殊類型的經濟均衡狀態」。這種均衡狀態的特點就在於：(1)技術狀況長期內大致保持不變（即所使用的生產要素與技術長期未發生變動）；(2)如果把生產要素作為收入的來源，那麼，獲得與持有這種生產要素的動機也是長期不變的，即人們沒有增加傳統使用的生產要素的動力；(3)由於上述原因，傳統生產要素的供給和需求也處於長期均衡的狀態。從上述分析來看，舒爾茨所說的傳統農業實際是一種生產方式長期沒有發生變動，基本維持簡單再生產的、長期停滯的小農經濟。

為了對傳統農業的特徵作出進一步分析，舒爾茨駁斥了兩種長期流行而且影響深遠的觀點：一種是認為傳統農業中生產要素配置效率低下，另一種是有名的隱性失業理論。

持第一種觀點的人認為：傳統農業社會中的農民愚昧、落後，對經濟刺激不能作出正常反應，經濟行爲缺乏理性，所以生產要素配置的效率必然低下。舒爾茨不同意這種看法。他根據社會學家對瓜地馬拉的帕那加撤爾和印度的塞納普爾這兩個傳統農業社會所作的詳細調查的資料證明：「在傳統農業中，生產要素配置效率低下的情況是比較少見的」。這就是說，傳統農業中的農民並不愚昧，他們對市場價格的變動能作出迅速而正確的反應，經常爲了多賺一個便士而斤斤計較。他們多年的努力，使現有的生產要素的配置達到了最優化，重新配置這些生產要素並不會使生產成長，外來的專家也找不出這裡的生產要素配置有什麼低效率之處。

隱性失業理論，又稱「零值農業勞動學說」，其基本觀點是：傳統農業中有一部分人的邊際生產率是零，這就是說，儘管這些人在工作，實際上對生產毫無貢獻。這種就業實際是隱性失業，把這些人從農業中抽走，並不會使農業生產減少。這種理論流傳甚廣，影響最大，著名的發展經濟學家亞瑟．路易斯和羅森斯坦—羅丹等人都是這種理論的倡導者。舒爾茨詳細分析了這一理論的歷史淵源與理論基礎，並根據印度一九一八—一九一九年流行性感冒所引起的農業勞動力減少使農業生產下降的事實證明：在傳統農業中，農業產量的增減與農業人口的增減之間有著極爲密切的關係，農業勞動力的減少必然使農業產量下降。所以，「貧窮社會中部分農業勞動力的邊際生產率爲零的學說是一種錯誤的學說」。

四

既然傳統農業中生產要素的配置是合理的，也不存在隱性失業問題，那麼，傳統農業爲什麼停滯、落後，不能成爲經濟成長的源泉呢？一般的看法是認爲，傳統農業中儲蓄率和投資率低下，缺乏資本。而儲蓄率和投資率低下的原因又是農民沒有節約和儲蓄的習慣，或者缺乏能抓住投資機會的企業家。舒爾茨認爲，傳統農業中的確存在儲蓄率和投資率低下、資本缺乏的現象。但其根源並不是農民儲蓄少或缺乏企業家，而在於傳統農業中對原有生產要素增加投資的報酬率低，對儲蓄和投資缺乏足夠的經濟刺激。爲了說明這一點，舒爾茨提出了收入流價格理論。

收入流價格理論實際上是用西方經濟學中傳統的均衡分析法來說明投資和經濟成長之間的關係。它的基本觀點是：「收入是一個流量概念，它由每單位時間既定數量的收入流所組成。例如，每年的收入流爲一美元。因此，收入流數量的增加就等於經濟成長」。要得到收入流，就必須得到收入流的來源，要增加收入流（即使經濟成長）就要增加收入流的來源。收入是由生產要素生產出來的，所以收入流的來源就是生產要素。生產要素是有價值的，在這一意義上說，收入流是有價格的。研究經濟成長就應該研究收入流的來源及其價格。所以，「中心經濟問題就是要解釋由什麼決定這些收入流的價格」。而要說明收入流價格的決定，就要從供給和需求入手，來說明收入流來源價格的決定。

舒爾茨用收入流價格理論解釋了傳統農業停滯落後、不能成爲經濟成長來源的原因。他認爲：在傳統農業中，由於生產要素和技術狀況不變，所以持久收入流來源的供給是不變的，即持久收入流的供給曲線是一條垂直線。另一方面，傳統農業中農民持有和獲得收入流的偏好和動機是不變的，所以對持久收入流來源的需求也不變，即持久收入流的需求曲線是一條水平線。這樣，持久收入流的均衡價格就長期在高水平上固定不變。這就說明了「來自農業生產的收入流來源的價格是比較高的」，即「傳統農業中資本的報酬率低下」。舒爾茨仍以瓜地馬拉的帕那加撒爾和印度的塞納普爾資本報酬率低下的事實證明了這一結論。所以，傳統農業的貧窮落後及其不能爲經濟成長作爲貢獻的根本原因在於資本報酬率低下，在這種情況下，就不可能增加儲蓄和投資，也無法打破長期停滯的均衡狀態。資本報酬率的低下，也就是收入流來源的價格高，即「社會所依靠的生產要素是昂貴的經濟成長源泉」。因此，改造傳統農業的出路就在於尋找一些新的生產要素作爲廉價的經濟成長源泉。

五

從以上的分析，舒爾茨提出，改造傳統農業的關鍵是要引進新的現代農業生產要素，這些要素可以使農業收入流價格下降，從而使農業成爲經濟成長的源泉。舒爾茨特別強調，引進新生產要素實際就是許多經濟學家反覆強調的、促進經濟成長的關鍵因素——技術變化，因爲「『技術變化』這一概念在實質上至少是一種生產要素增加、減少或改變的結果」。那麼，如何才能通過引進現代生產要素來改造傳統農業呢？舒爾茨著重論述了三個問題：⑴建立一套適於傳統農業改造的制度；⑵從供給和需求兩方面爲引進現代生產要素創造條件；⑶對農民進行人力資本投資。

舒爾茨同其他許多發展經濟學家一樣，都重視制度對經濟發展的作用。他認爲，「制度上的相應的改變是經濟現代化的必要條件之一」，而制度是「包括各種不同的活動、結構以及具體活動的規章制度」（《經濟成長與農業》，英文版，第二二一頁）。在改造傳統農業中，舒爾茨認爲重要的制度保證是：運用以經濟刺激爲基礎的市場方式，通過農產品和生產要素的價格變動來刺激農民；不要建立大規模的農場，要通過所有權與經營權合一的、能適應市場變化的家庭農場來改造傳統農業；改變農業中低效率的不在所有制形式（即土地的所有者並不住在自己的土地上，也不親自進行經營），實行居住所有制形式（即土地所有者住在自己的土地上親自進行經營）。

在引進新生產要素時供給是重要的，所以「這些要素的供給者掌握了這種成長的關鍵」。爲了供給新生產要素，就需要政府或其他非營利企業研究出適於本國條件的生產要素，並通過農業推廣站等機構將它分發出去。從需求來看，要使農民樂意接受新生產要素，就必須使這些要素眞正有利可圖。這既取決於新生產要素的「價格和產量」，也取決於「決定地主與農民之間如何分攤成本和收益的租佃制度」。此外，還要向農民提供有關新生產要素的資訊，並使農民學會使用這些新生產要素。

舒爾茨是人力資本理論的倡導者之一。他認爲，資本不僅包括作爲生產資料的物，而且應該包括作爲勞動力的人。所以，引進新生產要素，不僅要引進雜交種子、機械這些物的要素，還要引進具有現代科學知識、能運用新生產要素的人。而且「各種歷史資料都表明，農民的技能和知識水準與其耕作的生產率之間存在著密切的正相關關係」。這樣，就要對農民進行人力資本投資。人力資本投資的形式包括：教育、在職培訓以及提高健康水準。其中教育更加重要。

六

發展經濟學是用西方經濟理論來研究並指導開發中國家發展經濟，這種理論具有重大的現實意義。

《改造傳統農業》一書是發展經濟學中的經典著作，有許多觀點至今仍然有十分重要的意義。(1)舒爾茨確立了農業在經濟發展中的重要作用。他敢於向傳統的輕視農業的理論挑戰，對這些理論作了詳細而周密的批駁。他根據開發中國家的實際情況，強調了農業本身的改造對經濟發展的重要作用。這不僅在理論上是一個重大突破，而且對開發中國家重新制定發展戰略有一定的實踐意義。(2)舒爾茨曾到過許多開發中國家考察農業，又在一些國際組織擔任工作，對開發中國家的情況十分熟悉。因此，他對農業問題的一些分析，對改造傳統農業所提出的若干建議，例如，認爲傳統農業的落後在於資本報酬率低下，主張開發中國家要引進新生產要素，對農民進行人力資本投資，都比較中肯。(3)舒爾茨提出的一些觀點，如關於利用市場機制的論述，關於反對盲目做大農業的主張，關於對農民進行人力資本投資的重要性和做法，關於重點發展中、小學教育等，對我們也有啓發。

舒爾茨對中國人民是友好的。一九八〇年他來華訪問期間，曾在北京大學、復旦大學等單位演講，讚揚我國社會主義建設的成就。

本書承姚子范同志校閱，謹致謝意。

序 言

當我看到大多數國家在增加農業生產方面收效甚微時，我就懂得了爲什麼人們會深信，精通農業是一門難能可貴的藝術。如果說精通農業是一門藝術，那麼，少數國家在這方面是非常內行的，儘管它們似乎還不能把這種藝術傳授給其他國家。這少數精通農業的國家在用於耕作的勞動和土地減少的同時，生產一直在增加。但是，只要把增加生產的經濟基礎作爲一門藝術，我就毫不奇怪實現農業生產增加的經濟政策基本上仍然屬於神話的領域。現在，在制定政策方面，一個接一個國家的政策制定者，就像過去按月亮的變化來播種穀物的農民那樣老練了。

農業是一個定居的社會中最古老的一項生產活動，但令人驚訝的是，人們對於在農民受傳統農業束縛的地方之儲蓄和投資的刺激瞭解很少。更奇怪的是，在分析窮國農民的儲蓄、投資和生產行爲方面，經濟學倒退了。對於這些環境下適用的特殊類型的經濟均衡，老一輩的經濟學家比現代經濟學家要懂得多一些。

雖然傳統農業的弱小是顯而易見的，但這種弱小性**並不是**一套獨特的、與工作和節約相關的偏好的**函數**，這一點並不明顯。同樣不明顯的是：傳統農業的弱小性主要是由於農民已耗盡了作爲他們所支配的投入和知識的一部分的「生產技術」的有利性，而對於農民的儲蓄與投資以增加再生產性資本的各種形式的存量，幾乎沒有什麼刺激。本書研究的目的是要說明，傳統農業的基本特徵是向農民世代使用的那類型農業要素投資的低報酬率；此外，還要進一步說明，爲了改造這類型的農業，就要發展並供給一套比較有利可圖的要素。發展和供給這種要素，並學會有效的使用這些要素，是一項投資——向人力和物質資本的投資。

糧食和農業問題一再被作爲檢驗新概念與分析工具的場所。相對於土地而言，勞動和物質資本的收益遞減與李嘉圖式的地租都是例證。從恩格爾統計學開始的需求收入彈性，以及後來亨利．舒爾茨（Henry Schultz）的不朽研究和吉爾西克（Girshick）、霍薩克（Houthakker）、哈威爾莫（Haavelmo）、史東（Stone）、托賓（Tobin）、巴克（Buck）、戈倫克斯（Goreux）等的研究也是例證。最近納洛夫（Nerlove）對遞延分配的解釋價值進行了檢驗，格里利切斯（Griliches）對生產函數的特別偏重，以及對雜交玉米這種新投入品的研究成本和社會收益都作了檢驗。本書的研究，我試圖檢驗在確定來自農業來源的收入流價格中，供給和需求方法的有用性。

當我開始研究時，曾打算收錄一個相關文獻的廣泛書目。但是，我很快就明白，儘管可以得到許多有關窮國農業特徵的文獻，然而一般說來這些文獻與本書研究核心的基本經濟問題都無關。因此，我又決定，與其單獨列出書目還不如把它作爲附註。結果，許多我所提到的公開發表的文獻條目，代表了支持與我的分析不一致的學說和政策方法的觀點及論述。

自從一九五九年下半年開始本書的研究以來，我要感謝許多人。當我向自己的學生提出本書研究的中心思想時，與他們的討論使我收穫頗大。我的同事茲維·格里利切斯（Zvi Griliches）、D. 蓋爾·詹森（D. Gale Johnson）以及戴爾·W. 喬根森（Dale W. Jorgenson）閱讀了本書的主要章節，他們的批評使我獲益匪淺。弗農·W. 拉坦（Vernon W. Ruttan）閱讀了全部初稿，我幾乎接受了他提出的所有建議。艾布拉姆·伯格森（Abram Bergson）、理查·A. 馬斯格雷夫（Richard A. Musgrave）和勞埃德·雷諾茲（Lloyd Reynolds）提出了一些有益的問題。我的妻子埃絲特·沃思·舒爾茨（Esther Werth Schultz）校對了打字稿，核對了參考書目，並多次使我認知到，我自認爲清楚的東西實際上表述得並不夠清楚。耶魯大學出版社的瑪麗安·尼爾·阿什（Marian Neal Ash）小姐慷慨的獻出了自己的編輯才能。我的秘書佛吉尼亞·K. 瑟娜爾（Virginia K. Thurner）辛勤地校對了樣稿。福特基金會的資助使我在一九六一—一九六二年間從學校的工作脫身。更要感謝的是我所要歸功的口授傳統，這是芝加哥大學經濟系專題討論工作坊的一部分。

希歐多爾·W. 舒爾茨

一九六三年五月於芝加哥大學

目次

第一章　問題的提出

一個像其祖先那樣耕作的人，無論土地多麼肥沃或他如何辛勤勞動，也無法生產出大量糧食。一個得到並精通運用有關土壤、植物、動物和機械等科學知識的農民，即使在貧瘠的土地上，也能生產出豐富的糧食。他無須總是那麼辛勤而長時間的勞動。他能生產得如此之多，以至於他的兄弟和一些鄰居可以到城市謀生；沒有這些人也可以生產出足夠的農產品。而使得這種改造成爲可能的知識，是資本的一種形式，無論這種資本是農民使用物質投入的一部分，還是他們技術和知識的一部分。

完全以農民世代使用的各種生產要素爲基礎的農業，可以稱之爲傳統農業。一個依靠傳統農業的國家必然是貧窮的，因而就要把大部分收入用於糧食。但是，當一個國家像歐洲的丹麥、近東的以色列、拉丁美洲的墨西哥和遠東的日本那樣發展農業部門時，糧食就比較豐富，收入就會增加，而且國家收入用於糧食的部分也會減少。如何把弱小的傳統農業改造爲一個高生產率的經濟部門，是本書研究的中心問題。

從基本上說，這種改造取決於對農業的投資。因此，這是一個投資問題。但是，它主要並不是資本供給問題；確切的說，它是決定這種投資應該採取什麼形式的問題，這些形式使得農業投資有利可圖。這種研究方法把農業作爲經濟成長的一個來源，而分析的任務是要確定透過投資，把傳統農業改造成生產率更高的部門，能夠實現多麼廉價而巨大的成長。雖然對經濟成長的研究非常活躍，但這個問題卻很少受到注意。事實上每個國家都有農業部門，而且在低收入國家農業部門總是最大的，但除了少數例外，研究成長問題的經濟學家爲了集中解決工業問題，都撇開了農業。同時，許多國家不同程度的正在進行工業化；其中大部分國家在實現工業化的同時，並沒有採取相應的措施來增加農業生產；某些國家以損害農業來實現工業化。只有少數國家從工業和農業中都得到了大幅的經濟成長。成功的發展自己的農業部門，使農業成爲經濟成長的眞正來源的，只是個別例外的國家。

但是，並不存在使任何一個國家的農業部門不能對經濟成長作出重大貢獻的基本原因。的確，僅使用傳統生產要素的農業，是無法對經濟成長作出重大貢獻的，但現代化的農業能對經濟成長作出重大貢獻。對於農業能否成爲經濟成長的強大引擎，已不再有任何懷疑了；然而，要得到這樣的引擎就必須向農業投資，而這件事並不簡單，因爲它主要取決於投資所採取的形式。用激勵的辦法去指導和獎勵農民是個關鍵，一旦有了投資機會和有效的激勵，農民將會點石成金。

本書的研究目的是要說明有一種合乎邏輯的經濟基礎，它可以解釋爲什麼僅使用由它支配的生產要素的傳統農業，除了以高昂的代價之外無法成長，以及爲什麼按過去的成長標準來看，對現代農業要素投資的報酬率可能是很高的。因此，眞正重要的問題是想以儘量低廉的代價實現經濟成長的國家，在發展農業中應該做些什麼。

對顯而易見的事情作詳細闡述是有風險的，但還是要審慎的說明一下什麼是「農業部門」（agricultural sector）。農業是生產特殊種類產品的經濟部門，這類產品主要來自於植物，以及包括家禽在內的動物。其中某些產品由纖維和其他工業用的原料組成。但是，大部分最終作爲糧食使用。把農業部門的生產活動分爲以下幾類是恰當的：⑴農民所從事的生產（在本書研究所用的術語中，小農和耕種者都是農民）；他們可能主要是爲家庭消費而生產，或者完全爲市場而生產；⑵不由農民從事，而由一些供給者從事農業要素的生產，農民由這些供給者裡獲得這些要素；⑶不由農民完成的農產品銷售、運輸和加工的生產。①

但是，爲什麼對農業的經濟潛力缺乏瞭解呢？部分是由於經濟學知識的狀況；部分是由於廣泛承認的關於農業部門的學說所引起的混亂。在知識界，農業經濟學家把自己的研究主要局限於一些小國的農業，在這些國家，農業有效的對國民收入作出了貢獻。他們考察了這些國家農民所面臨的各種問題，但並不是從農業的角度來研究經濟成長。一般說來，他們忽視了傳統農業，把它留給人類學家去研究，人類學家作出了一些有用的研究，這一點以後會說明。同時，成長經濟學家編制出了大量宏觀模型，除少數外，這些模型既沒有適當的把農業的成長潛力理論化，又不能用於檢驗農業作爲一種經濟成長來源的實證行爲。

當然，經濟學家和有識之士正在意識到各國在提高農業勞動生產率速度方面的巨大差別；在農業現代化最成功的那些國家，農業勞動生產率的提高比工業快得多。人們還意識

① 另一種和農業相關生產活動的有用分類方法，是哈樂德·布雷邁爾（Harold Breimyer）提出來的，見《三種農業經濟》，載《農業經濟學雜誌》，第四十四期（一九六二年八月）。

到在農業生產成長率方面相應的巨大差別；但是，對這些差別沒有作出解釋。成長經濟學家在進行高度理論化時，除了少數例外，都把脫離現實的「資本」和「勞動」作爲基本的解釋變數，然後有一種歸屬於「技術變化」的剩餘。當把這些模型用於分析實際資料時，結果是大部分的經濟成長隱蔽在「技術變化」的名下。因爲這是一種剩餘，對它就沒有作出什麼解釋。同時，那些稍微注意到農業部門情況的人，總是厭惡農民的落後保守。他們的結論是：當農民學到了「勤勞與節儉」的經濟美德，從而有了儲蓄和投資時，就會克服傳統農業的經濟停滯狀態——但絕沒有想到對傳統農業投資的利益。②

毫無疑問，經濟學知識的缺乏引起了各種學說。關於農業可以對成長作出貢獻就是如此。某些學說是一些根深蒂固的政治教條（political dogmas），某些只是經濟學家已經消亡了的思想。能說明這些學說是錯誤的，就是爲這個問題的有用概念掃清了道路。非常有希望的是，在一定時期內，相信經濟分析的宣告可以摧毀政治教條的城牆，並不完全是幼稚可

② E. 倫德伯格（E. Lundberg）教授在其劍橋大學馬歇爾演講中非常謹慎的討論了宏觀成長模型的某些局限性，這些演講以《投資的有利性》爲題發表了，見《經濟學雜誌》第六十九期（一九五九年十二月）。還可參看F. A. 盧茨（F. A. Lutz）和D. C. 黑格（D. C. Hague）編的：《資本理論：國際經濟學會會議紀錄彙編》（倫敦，麥克米倫出版社，一九六一年），第一章。

笑的見解。

更重要的是這些學說導致了對「農業在經濟成長中的作用是什麼」這一問題的錯誤回答。教條式的回答如下：來自農業的成長機會是最不引人注目的成長來源；農業可以爲窮國進行工業化提供所需要的大部分資本；它還可以爲工業提供無限的勞動供給；它甚至可以以零機會成本提供大量的勞動，因爲在邊際生產率爲零的意義上來說，農業中有相當一部分勞動力是過剩的；農民對正常的經濟刺激沒有反應，往往還會作出錯誤的反應，其含義是農產品的供給曲線向後傾斜；爲了用最小成本生產農產品就需要大的農場。

各種學說的遺產

要在廢墟上進行建設就必須首先清除這些陳跡，這可能要付出高昂的代價。在以後的幾章裡，必須一個接一個地檢驗這些學說，以便說明每一種學說都是以某些只有部分眞實性的敘述爲基礎的，而且每一種學說都是所涉及的基本經濟問題的一種錯誤概念。因爲某些較重要的學說是早期經濟思想的遺產，所以順便把它們作爲問題的一部分背景進行簡單的檢視是有益的。

重農學派和古典學派在農業方面的遺產是幾種表現不佳的經濟學說的來源。重農學家把其體系建立在這一公理之上：只有農業是能生產的，因此，他們認爲，農業生產了其工人的生活所需，其企業家的收益，以及剩餘（「第三地租」），而工業和商業是沒有結果的。古典經濟學家根據資本積累、馬爾薩斯人口原理和表明了農業收益遞減的歷史規律，編制了宏偉的動態模型。③按他們的論述，農業取決於固定的土地供給。因此，隨著對糧食需求的增加，土地的地租提高了，地租吸引了經濟進步的部分成果，並使土地所有者富裕起來。馬克思拋棄了馬爾薩斯的人口原理，但接受了李嘉圖的地租理論。馬克思一個重要而又被忽視了的原則是，隨著農業生產單位規模的擴大，農產品的成本在下降，這類似於古典經濟學家認爲製造業所特有的成本遞減。④馬歇爾總是很尊敬古典學派的思想，他把自己的才能轉而用於創建更加實用的分析工具。他嚴厲批評亨利．喬治（Henry George），但他本人並沒有擺脫歷史上李嘉圖地租理論的支配。馬歇爾認爲，較廉價的運輸和新土地的開發只是暫時延緩了土地地租的最終進一步上升。

這些學說中與農業相關的信條沒有一條能經得起時間的考驗。除了極少數農民基本教義

---

③這一段引自威廉．J. 鮑莫爾（William J. Baumol）的《經濟的動態》（紐約，麥克米倫出版社，一九五一年），第二章。這裡所說的古典經濟學家是指「在馬爾薩斯以後和約翰．斯圖亞特．穆勒之前這一段時期在英國工作的那些經濟理論作家」。

④大衛．米特拉尼（David Mitrany）：《馬克思與農民》（查珀爾希爾，北卡羅來納大學出版社，一九五一年）。

派者（agrarian fundamentalists）⑤外，現在沒有一個人像重農學家那樣認爲，農業是剩餘的唯一最終來源。在某些保守主義者、生物學家和人口學家中，仍然相信僅適用於農業的收益遞減歷史規律。隨著經濟成長的發生，古典經濟學家所重視的農業和製造業之間在基本成本條件方面的差別與許多事實相矛盾。同樣相反的結論也適用於馬克思的原則：日益擴大的農場必然減少農產品的成本。這些學說並沒有什麼合乎邏輯的基礎，它們必定要依靠某些實證調查的材料，而通過檢驗發現這些實證材料是不充分的。

還有一種較近期的遺產。其中之一源於一九三〇年代大蕭條的大量失業有關的經濟思想。這就是「隱性失業」（disguised unemployment）的概念，這一概念被擴大到只有一點點或根本沒有工業的國家，而且在轉變中產生了一種學說：在這些國家的農業中，有相當一部分勞動的邊際生產率爲零。要清理這種學說的殘骸，還要相當長的一章。在某些論述土地改革的文獻中，認爲地租無法產生有用的經濟作用，其根源可以追溯到李嘉圖地租中的「不勞而獲的部分」，而部分可以追溯到馬克思對李嘉圖地租理論的曲解。正如預料，在配

⑤ 這些基本教義派者不屬於 J. S. 大衛斯（J. S. Davis）在一篇文章中非常懷疑的「農業基本教義派」（agricultural fundamentalism），這篇文章又收入他的《論農業政策，一九二六—一九三八年》（斯坦福大學糧食研究所，一九三九年）。

置農業土地中對地租的壓抑，在前蘇聯類型的經濟中特別明顯。就現代化的農業而論，要素的不可分性很受重視，農用拖拉機是這種不可分性的象徵。但是，要說明拖拉機和其他這類要素都是一種僞不可分性並不困難。

需要撇開的問題

本書研究的中心問題是那些與來自農業成長相關的未解決的經濟問題，在轉入這一問題之前，要用幾句話解釋一下爲什麼不考慮幾個有關的經濟問題。主要有三個問題：⑴隨著收入提高，對農產品需求的成長率較低，⑵一個正在成長的經濟中經濟不穩定性對農業的影響，以及⑶在高收入國家裡，農業部門對成長的適應。

消費（包括對農產品的需求）知識的進展是最近經濟研究的主要里程碑。已經闡明了論述消費函數的理論。⑥對需求，特別是對農產品需求的價格和收入彈性的估算已經集中起來，而且解決了與成長相關而產生的對農產品需求的主要問題。雖然長期以來就有實證支持

⑥ 對這一問題，特別可以參看密爾頓．弗里德曼（Milton Friedman）的《消費函數理論》（普林斯頓，普林斯頓大學出版社爲國民經濟研究所出版，一九五七年）。

這樣的推論：在高收入國家裡，大多數農產品的需求價格彈性是較低的，但對這些產品的需求收入彈性的令人滿意的估算，完全是最近的成就。恩格爾定律（Engels law）當然是適用於較長時期的，雖然它只是從少數統計中得出來的，但這些統計表明，糧食的需求收入彈性可能是小於一點〇。但是，直至前不久，還不理解與成長相關的人均收入提高的重要性，而且也不理解農產品需求收入彈性的一直下降正是這種成長的結果。在近二十年前，對企圖估算農業生產的糧食的收入彈性，在學術方面仍有某些令人興奮的結果。在一九四〇年代初期，把美國的這一彈性確定為〇點二五看來是有點風險的。⑦從那時以來，以使用現代分析技術的廣泛的統計數字為基礎的研究，不僅支持這種具體的估算，而且建立了包括各種主要農業生產的糧食在內的估算體系。此外，這些估算現在可用於許多在人均收入方面存在著巨大差別的國家。值得注意的是，關於一段時期內需求和需求變化的經濟學知識，要比關於供給的知識更完備。經濟學知識的這種差別有其明顯的理論和實務原因，這些原因在其他地方已有論述。⑧

⑦ 這種評論是指作者的估算，見《不穩定經濟中的農業》（紐約，麥克勞－希爾公司，一九四五年），第六十八頁。

⑧ 希歐多爾·W. 舒爾茨：《對農業生產、產量和供給的看法》，載《農業經濟學雜誌》，第三十八期（一九五六年八月）。

的確，隨著人均收入的提高，對農產品需求的增加在低收入國家比高收入國家要多（不考慮人口的成長）。這種重要差別的原因是以一種已確定的事實爲基礎的：有一些高收入國家的農產品需求收入彈性接近於零，而有一些低收入國家的這一彈性仍然是〇點九左右。

戈倫克斯（Goreux）對世界各地農業糧食需求收入彈性估算的總結，說明了這些差別的範圍和數量：⑨

---

⑨ 戈倫克斯博士在提出全世界農業生產的食物的需求收入彈性的狀況方面作出了開創性工作。參看他的《收入與食物消費》，聯合國糧農組織，載《農業經濟學與統計學月報》，第九卷第十期（一九六〇年十月）。還可以參看聯合國糧農組織編的《食物消費概況評論》（羅馬，一九五八年七月）以及戈倫克斯的《食物需求收入彈性》，歐洲經濟委員會與聯合國糧農組織合作（一九五九年六月二十二日，油印本）。最有用的是聯合國糧農組織編的一本詳盡的書：《需求分析與預測的書目》（一九五九年，油印本，一六七頁），一九六〇年的《增補》（油印本，九十八頁）和一九六一年的《增補》（油印本，六十二頁）。關於戈倫克斯估算的總結，可以參看《一九七〇年農產品預測》，聯合國糧農組織，載《一九六二年商品評論，特別增刊》（羅馬，一九六二年）。上述估算引自表十二，根據的是一九五七—一九五九年間的農產品價值。還可以參看 H. E. 巴克霍爾茲（H. E. Buchholz），G. G. 賈奇（G. G. Judge）和 V. I. 韋斯特（V. I. West）：《美國農產品所選估算行爲關係概要》（奧巴納，伊利諾伊大學農學院，《農業經濟研究評論》第五十七期，一九六二年十月）。

亞洲和遠東（不包括日本）	0.9
近東和非洲（不包括南非）	0.7
拉丁美洲（不包括阿根廷與烏拉圭）	0.6
日本	0.6
地中海歐洲國家	0.55
歐洲經濟共同體	0.5
其他西歐國家	0.2
北美洲	0.16

因爲對農產品的需求已有了許多相應的研究，而且研究成果得到了廣泛運用，所以，就不必進一步論述，在收入不斷提高時對農產品需求的作用變化。

由於下列原因，與經濟成長中固有的經濟不穩定性相關的問題也可以放在一邊。一九三〇年代在主要工業國發生的那種大規模失業現象，現在可以透過貨幣（monetary）和財政（fiscal）措施來防止，而且，認爲這些國家在可以預見到的未來，不能防止這種大規模失業，看來未必可信。經濟週期中比較「正常」的繁榮和衰退也可以制止。因此，不僅個人收入流量變得穩定了，而且消費者的預期也修改了，因爲消費者越來越把波動看得和其收入中的暫時變動一樣。這樣，消費者的需求，包括對糧食和作爲糧食的農產品的需求，看來顯然穩定了。[⑩]同時，主要依靠價格支持（price supports）來實現穩定農產品價格的計畫也增多了。在某些國家，這些價格支持明顯的改變了農產品價格的短期變動。但是，價格支持對農產品價格的長期變動和結構的影響還不清楚。精心制定的農業期貨價格方案[⑪]在以農產品價格作爲指導的誘因和對農民的獎勵，這方面效用的提高是實際而顯著的。雖然普遍的濫用價格支持引起了這樣的推論：政府並無能力認可並執行可以滿足其成功所需必要條件的期貨價格方案，但是，自從最初提出期貨價格以來所發生的經濟變化並沒有使這種主張過時。

在農業部門成功的採用現代生產要素的許多高收入國家裡，出現了一個重要的新問題；這就是勞動生產率高速成長的農業，與對農產品的需求緩慢成長的高收入經濟相適應的問題。當農業所需要的勞動力大幅度減少時，由於離開農業的農民缺乏非農業工作的技術和教育，又由於大量失業進一步增加了就業的困難，上述問題就更加尖銳了。但是，仍處於傳統農業狀態的國家並沒有遇到這種特殊問題；這個問題與構成改造傳統農業的經濟問題無

---

⑩ 羅伯特．S. 弗思（Robert S. Firch）：《美國經濟的穩定化和農場收入的穩定性》（未發表的博士論文，芝加哥大學，一九六三年）。

⑪ 參看 D. 蓋爾．詹森：《農業期貨價格》（芝加哥，芝加哥大學出版社，一九四七年），以及作者的《不穩定經濟中的農業》與《農業的經濟組織》（紐約，麥克勞—希爾公司，一九五三年）。

關。因此，本書的研究不做論述。⑫

未解決的問題

在確定農業中經濟成長的機會時，必須解決三個未處理的問題：⑴低收入社會能透過有效地配置其現有的農業生產要素來大幅度增加農業生產嗎？⑵各國在農業部門對經濟成長作出貢獻的成功方面的巨大差別，主要是由哪種農業生產要素所引起的？⑶在什麼條件下對農業投資是有益的呢？第一和第三個問題是有爭論的基本經濟問題，本書研究的中心就是這些

⑫ 此外，有相當一部分經濟思想是論述這個適應性問題的。作者的《農業的經濟組織》的主要部分就論述了這一點。厄爾·O. 黑迪（Earl O. Heady）的《經濟發展中的農業政策》（埃姆斯，愛荷華，愛荷華州立大學出版社，一九六二年）和戴爾·E. 哈撒韋（Dale E. Hathaway）的《政府與農業：民主社會的公共政策》（紐約，麥克米倫出版社，一九六三年）都是重要著作。對這一部門和其他部門所出現的基本福利問題，在作者的《經濟進步中引起的再分配損失的政策》中作了論述，見《農業經濟學雜誌》第四十三期（一九六一年八月），該文又收入《農業中的勞動流動性與人口》（埃姆斯，愛荷華，愛荷華州立大學出版社，一九六二年）。經濟發展委員會所作的政策說明《農業的適應方案》（紐約，一九六二年）正如題目所表明的，也強調了這一問題。

問題；第二個問題主要是用於分析。

現在談第一個問題，在低收入國家，透過提高農業的配置效率，即透過更有效的配置現有的土地、建築物、設備和農業人口（農業工人和農民），能使農業生產增加多少呢？我們用主要的兩章來論述這一問題，因爲普遍堅信的觀點是，窮國的農業部門在使用所擁有的要素時總是效率很低的。本書研究所提出的假說與此相反，即認爲大部分窮國的農業部門在使用它所擁有的生產要素時，效率是比較高的。

各國農業生產方面存在的顯著差別，多大程度上是取決於土地、物質資本或農民的差別呢？傳統的回答總是這種差別主要取決於「土地」；現在在土地之外又加上了「拖拉機」。但是，這兩種要素只能解釋農業生產中的少數差別。本書的研究支持這樣一種看法：在解釋農業生產的成長量和成長率的差別時，土地的差別是最不重要的，物質資本的質的差別是相當重要的，而農民能力的差別是最重要的。

在理解農業是經濟成長的來源時，有相當一部分問題是由關於土地的思想遺產所造成的。[13]農田有兩個組成部分，即自然賦予部分和資本建築部分。後者是過去投資的結果，理

⑬ 參看拙著：《經濟增長中的土地》，載《現代土地政策》（奧巴納，伊利諾伊大學出版社，一九五八年），第二章。

論家們在談到土地時總是不言而喻的指它的自然賦予。但這基本是一個空洞的概念，因爲農田生產率的許多差別都是人爲的；對土地的投資一直是很重要的。此外，能替代土地要素的生產越來越重要。

但是，整體而言，土地的差別並不足以解釋農業生產趨勢的變數；也不在於農業中使用傳統類型的物質資本的量的差別，這種差別是依要素成本由這種資本所得到的收入份額來衡量的。然而，農業中使用的物質資本的質卻是非常重要的。這種資本的質取決於它所體現的農業科學知識的多少。但是，解釋農業生產差別的關鍵變數是人的因素，即農民後天獲得的能力水準的差別。

現在，看一看正在農業中所發生的情況是有益的。即使是對世界各地農業生產的趨勢作一些概述，也有助於弄清楚所研究的問題。

西歐的農業生產取得了巨大的成就。西歐是一個古老而擁擠的作坊，人口密度比亞洲大得多，而且農田的自然賦予也很貧瘠，但它在二十年前就以出人意料的速度發展了自己的農業生產。例如，義大利、奧地利和希臘的人均可耕地比印度少，而且農田比印度的貧瘠，但它們分別以每年百分之三、百分之三點三和百分之五點七的成長率發展了農業生產，而印度的成長率只是每年百分之二點一。⑭此外，在一九五〇—一九五九年間，西北歐的農業就業人數減少了百分之二十，而農業勞動生產率提高了百分之五十。⑮顯然不能用開發新土地來解釋這種情況。土地仍同樣是過去自然賦予的最貧瘠的土地，如果有區別的話，那就是用於耕種的總面積減少了。農業資本的質的提高是肯定的；農民具有使用現代生產要素的能力也是肯定的；但大規模的耕作並不存在。

在許多方面，以色列也和歐洲一樣。人口與適於耕種的土地之比是高的。土地並不肥沃，而且沒有一個人認爲農業的前途是光明的。然而，在一九五二—一九五九年間，雖然農業就業人數只增加了四分之一，但生產卻增加了一倍多。⑯這又表明土地並不是這種成長的主要來源。現代生產要素是重要的。從事農業的人並不熟悉耕作，因爲他們主要是非農業人口，但他們許多人都受過良好的教育。**以色列的「吉布提茲姆」**（kibbutzim，大農場）發

---

⑭ 所根據的是一九五二—一九五九年的農業生產。參看聯合國糧農組織：《一九七〇年農產品預測》，表M十八。

⑮ 這裡包括十個國家：奧地利、比利時、丹麥、法國、西德、愛爾蘭、荷蘭、挪威、瑞典和英國。包括的時期是一九五〇—一九五九年。資料來源：《一九七〇年農產品預測》，表M十三。

⑯ A. L. 蓋索（A. L. Gaathon）：《以色列的資本存量、就業和產量：一九五〇—一九五九年，理論研究》第一卷（耶路撒冷，以色列銀行，一九六一年），附錄B與C。

展得很好，但它比「莫薩維姆」（moshavim，小農場）的效率低。⑰

拉丁美洲出現了兩種截然不同的情況。一種可以以墨西哥爲例，而另一種以阿根廷、智利與烏拉圭爲例。墨西哥的農業生產以每年百分之七點一的空前高速度成長著。⑱從墨西哥取得的成就中所得出的經驗，特別適用於許多力求發展現代經濟的低收入國家。墨西哥只是在最近才開始這樣迅速地成長，成長的基礎不是由早期的、逐步的、延續幾十年的發展奠定的。某些低收入國家以損害農業來實現工業化，或者在工業基礎建立起來之前簡單的忽視了農業，墨西哥沒有犯這種錯誤。墨西哥是少數同時實現了工農業現代化，而且又從工農業中獲得國民收入大幅度成長的國家之一。

至今爲止，墨西哥的經濟成長並沒有得到應有的注意，因此這種成長的經濟基礎還沒有完全得到證實。墨西哥的經濟學家把它主要歸之於土地改革。⑲在爲經濟進步奠定政治和經濟的前提時，土地改革確實是重要的；但是，土地改革並沒有改變自然賦予。例如，墨西

---

⑰ 伊齊拉・沙丹（Ezra Sadan）：《以色列的農業定居：對資源配置的研究》（未發表的經濟學博士論文，芝加哥大學，一九六二年）。

⑱ 引自聯合國糧農組織：《一九七〇年農產品預測》，表M十八，時期是一九五二—一九五九年間。

⑲ 艾德蒙多・弗洛里斯（Edmundo Flores）：《農業經濟的改造》（墨西哥，文化經濟出版社，一九六一年）。

哥的農田比阿根廷的貧瘠。許多「艾幾多斯」（ejidos，一種由大「種植園（plantations）式」農場分裂而形成的小農戶）是土地改革所確立起來的，但它們發展得並不好。然而，許多艾幾多斯之外的農戶卻發展得非常好。政府不僅投資於水壩和灌溉設施，而且還依靠洛克菲勒基金會的援助投資於農業科學。許多現代農業要素得到了採用，道路和交通運輸設施有了很大改進。但是，農民的技術和教育似乎落後了，而且，這些看來正成爲成長中的限制性因素。

智利的農業生產每年只成長百分之一點六，[20]而阿根廷和烏拉圭的農業處於停滯狀態。阿根廷肥沃的土地以適於種植苜蓿、玉米和其他穀物而著稱。阿根廷部分地區可與愛荷華州最好的地區相比，而智利生產多種農產品的自然潛力很像加州的情況。美國和其他地方的農業科學成就對這些國家比對於大部分國家更加適用。而且，在將近二、三十年之前，這些國家在使用當時仍屬於最好的生產要素方面，大體上是並駕齊驅的。但是，這裡存在著土地的不在所有制與大地產。對指導的經濟誘因和對農民的獎勵毫無效用。在整個農村，農業的停滯狀況沒有任何改變。

就整個農業生產而言，亞洲和遠東超過了其他任何地區，其總產量大大超過了歐洲和拉丁美洲的總和。然而，這裡的糧食遠遠不夠。眾所周知，這裡要養活的人口有其他地區的三

---

[20] 這種估算的來源，可參看本章註十八。

倍之多。農業生產方面的突破主要是日本。中國儘管有許多擴大農業生產的計畫，實際上仍處於困難之中。印度許多努力增加農業部門產量的成果令人振奮，但農業狀況遠遠談不上出色。透過比較日本和印度的發展，可以最有力的說明這種情況。

日本的農業生產按每年百分之四點六的成長率增加，而印度如前所述，只按每年百分之二點一增加。㉑如果說農田的差別是一個主要因素，那麼農業成長率就應該是另一種情況。按人口平均來看，印度的農田是日本的六倍。㉒作爲一種自然賦予，印度的土地也是比較肥沃的。即使根據灌溉面積，按人口平均衡量，印度仍將近是日本的三倍。㉓但是，日本每英畝土地的產量是印度的八倍。㉔毫無疑問，日本所使用的農業物質要素的質遠比印度所用的好。但是更重要的仍然是，與印度農民技術水準低、農村中文盲（illiteracy）普遍存在的情況相比較，日本農民的耕作技術水準高，他們所受到的教育也多。

㉑ 參看本章註十八。

㉒ 萊斯特．R. 布朗（Lester R. Brown）：《對遠東農業的經濟分析》，載《外國農業經濟報告》第二卷（美國農業部，一九六一年十一月），表五。

㉓ 同上，表三與表七。

㉔ 同上，表十六。把一九五八年的世界價格作爲値項的基礎，在一九五七—一九五九年間日本平均每年的生產據估算是每英畝二七四美元，而印度是每英畝三十三美元。

美國農業生產的成功，戲劇性的表現在產品過剩、大量出口以及提出各種減少產量的政府計畫。儘管這樣，在一九四〇年到一九六一年間，農業產量仍增加了百分之五十六，而耕種的土地大約減少了百分之十（將近三千六百萬英畝！），在農業中就業的勞動力減少了大約五分之二。因此，農業勞動生產率的提高幾乎是工業的三倍。目前還看不到美國農業的終點，主要是由於農業的成功確實使它因過多的資源而陷入嚴重的失衡，這些資源主要由生產農產品中使用的勞動力組成。美國農田的自然賦予是廣闊的，其中許多土地是肥沃的，這當然是事實。但是，自然條件向來如此。美國的拓居實際上早在第一次世界大戰前就已基本完成，隨後便進入了農業生產根本沒有什麼成長的時期。第一次世界大戰期間所作出的許多擴大農業生產的努力，清楚的表明農業的擴大是困難的。一九一七—一九一九年的農業產量僅比一九一〇—一九一二年增加了百分之六。到一九三〇年代初，農業生產才開始上升，這時農業科學緩慢的、累積性的進步對生產的影響越來越重要。透過農業推廣活動和辦理更多的教育來向農民進行投資，使農民能夠採用並有效的使用現代生產要素。

但是，要從上述有關農田和來自農業成長的論述得出「農業中土地的有效配置與作爲土地一部分的建築投資都算不了什麼」這樣的結論，那就錯了。現在普遍存在的對地租的壓抑，削弱了它對土地配置的作用，而且正如以後將要看到的，這還會帶來許多損害。然而，如果從本書提出的農業成長問題的背景中得出這樣的推論：農業中使用的物質要素質的改進和農民能力的提高，要比土地重要得多，那就正確了。

另一種研究農業成長問題的方法，比前兩個問題中提到的方法更適用於分析，這種方法是要確定透過增加農業中使用的再生產要素的存量，所能帶來的增加的收入流的價格。在運用這種研究方法時，爲了簡單起見，我們假定只有兩種類型的農業社會。在一種社會裡，農業生產完全以長期存在的傳統生產要素爲基礎。在另一種社會裡，使用了某些現代農業要素，而且正在採用一些追加的要素。這樣，第一種模型中的假設就是，從農業生產中增加收入的唯一來源是增加已使用了許多年代的同種傳統生產要素的數量。這種模型所包含的假說是，由這種來源所增加的收入流的價格是比較高的，它如此之高，以至於對進行這種農業要素投資的儲蓄毫無刺激。另一種模型可以用來檢視那些從農業中得到巨大成長的地方的農民行爲，它包含的假說是，從這種來源增加的收入流的價格是比較低的。

因此，關鍵的經濟問題就是：在什麼條件下，對農業的投資是有益的？從以上的論述來看，這意味著，除非農民有機會並得到激勵去改造其祖先的傳統農業，否則對農業的投資就是無利的。

第二章　傳統農業的特徵

本書的研究目的是要解釋受傳統農業束縛的農民的生產行為，然後確定透過投資來改造這種類型的農業是否有利。所作的假設是：當農民局限於使用傳統生產要素時，他們會達到某一點，此後，他們就很少能對經濟成長作出什麼貢獻，這是因為要素的配置，很少有什麼改變後可以增加當前生產的明顯低效率；還因為用於增加傳統要素存量的投資是代價高昂的經濟成長來源。這兩個命題，即要素的有效配置和邊際投資的低報酬率，將形成可以由事實驗證的假說。另一個假設的大意是：存在著另一類農業要素，這些要素將是較廉價的經濟成長來源。在採用這種研究方法時，首要問題是：傳統農業的基本特徵是什麼？

這時，人們馬上會想到的是，農業經營是以長期形成的社會習俗為基礎的一種生活方式。這種觀點認為，傳統農業基本是某個特定民族生活方式的一種文化特徵。另一幅圖像集中表現在：與土地所有制相關的制度結構、租佃（tenure）的法律基礎，以及為家庭消費而生產等方面。還有一種看法，著眼點放在農業生產要素的技術特徵上。那麼，基本的特徵是什麼呢？毫不奇怪，不能根據文化特徵、制度結構或生產要素的技術特徵，來嚴格表述傳統農業這一經濟概念。只要對這些特徵作一點簡單的檢視，就會使這一點更加清楚。

區分以血緣關係為基礎的氏族社會（folk society）和其他類型的社會，在許多方面是非常有用的。經濟學家似乎認為，農民當然屬於一種氏族社會。但是，有許多農民是以非血緣關係為基礎的社會，即一般所說的「都市」社會的成員。氏族社會和以傳統要素為基礎的農業生產是兩個獨立的範疇。在把這兩個範疇應用於同一社會時，它們有時一致、有時不一致。大多數情況，可以說一個氏族社會總是存在傳統農業。然而，氏族社會與傳統農業並不一定一致，而且，不是所有的傳統農業都存在於氏族社會裡。正因為這一原因，氏族社會的文化特徵就不能為鑒別傳統農業提供可靠的基礎。

人們經常把貧窮社會中農業的弱小性歸咎於特定的文化價值觀；這些價值觀與工作、節約、勤勞和對更高生活水準的追求是相關的。人們常用這些因素來解釋為什麼經濟進步如此微小，以及為什麼特定的經濟發展計畫實際上總不成功。但是，一般來說，不必去求助於這種文化價值觀方面的差別，因為一種簡單的經濟解釋就足以說明問題了。

首先來考慮對工作的態度。人們總是說，貧窮社會裡的人民不願意長時間辛勤的工作。假設他們偏好空閒（idle）。這樣，與空閒相關的「休閒」（leisure）就應該比更多的工作才能實現的生產增加更為寶貴。由此得出的推論是，這些民族對這種空閒的評價很高。但是，這裡沒有考慮到他們缺乏長時間辛勤工作的精力，以及增加工作所能得到的邊際收益低下。這種觀點的另一種變形，論述了教育對受過某種教育的人從事農業體力勞動意願的影響。據說，即使只受過微不足道的教育，也會使貧窮農業社會中的年輕人厭惡農業勞動。但是，提出這些看法的人，一般都沒有指出受過某種教育的人，在從事農業勞動與從事其他勞動的收入上的差別。①雖然某個階級或社會等級結構影響著勞動的選擇與流動性，還影響著一個經濟對變化著的經濟條件的適應能力，但不能由此得出結論，屬於從事農業勞動的階級或社會等級的人都愛好空閒。可能的情況是，對各種農業社會而言，勞動的偏好和動機基本上都是相同的。如果是這樣的話，那麼，傳統農業並不是某種農民偏好遊手好閒的結果，相反，遊手好閒似乎是邊際勞動生產率低下的結果。

關於人們在節約方面的差別，也存在著許多混亂。據說在貧窮而停滯的農業社會裡，缺乏節約的品德，而這是由於這些社會農民的文化特徵所造成的。他們完全不能累積足夠的錢。爲什麼不能呢？他們被設想成是受到某些特殊文化約束的人，以致使他們沉溺於許多揮霍式的消費，特別是在婚喪大事和逢年過節時更是如此。我們應該問，他們怎麼又能忍受命裡注定的那種簡陋而單調的生活呢？認爲所有這些都是「揮霍式的消費」是一種奇怪的語言

---

① 參看庫蘇姆．奈爾（Kusum Nair）：《死亡中的繁榮》（倫敦，杜克沃奇出版社，一九六一年），第二十一章，在全書的其他地方也多次提到這一問題。該作者用一年時間走遍了印度的農村。她是一個機智而敏銳的觀察者，而且可貴的是，她寫得非常清晰。無論如何，這是本值得一讀的書，在她評論教育和對體力勞動的態度時，已經肯定了（農業和漁業中的）體力勞動與其他工作的收入差別。此外，在評論某些階級耕種者不能利用灌溉的水時，她還提出了一個沒有作出回答的問題：把這種水的成本與使用這種水所得到的收益，進行對比會有什麼結果？

扭曲。不應該忽視另一種完全相反的觀點，即農民是非常節省的，他們允許自己進行的消費總是十分節省，特別是當他們考慮到子女的福利時更是如此。

但是，可以把節約直接作爲一種經濟行爲。問題是：對農民把其微薄的收入更多的用於儲蓄給予什麼獎勵呢？本書研究所提出的假設是：當把這種儲蓄投資於傳統生產要素時，這種儲蓄的報酬率是非常低的。如果這個假設符合事實，那麼對儲蓄就幾乎沒有什麼吸引力。

在評論貧窮社會中人們的經濟行爲時，一般非常強調勤勞的美德。這就意味著把假設的對空閒和揮霍式消費的愛好作爲一種可信的象徵，表明了這些人不夠勤勞。在這方面，認爲貧窮社會的人民缺乏新教徒道德（Protestant Ethic）中的經濟美德，曾是很流行的。關於所考慮的經濟行爲差別根源的這種觀點，是一種幼稚的文化差別論。例如，在談到包括工作和節約在內的勤勞問題時，即使是一個勤勞的新教徒也很難責備索爾．塔克斯（Sol Tax）在《一個便士的資本主義》一書中，詳細而全面描述的瓜地馬拉印第安人的行爲。②

從這些看法中所得出的含義並不是文化差異無關緊要，而是可以把與經濟活動相關的工作、節約和勤勞方面的差別作爲經濟變數。並不需要求助於文化差異來解釋**特定的**工作與節

---

② 參看本書第四十一—四十三頁和第九十一—九十六頁的更深入的討論。

約行爲，因爲經濟因素就提供了令人滿意的解釋。促使這些人去做更多工作的刺激是微弱的，因爲勞動的邊際生產率非常低；促使這些人進行更多的儲蓄的刺激同樣也是微弱的，因爲資本的邊際生產率也非常低。

因此，雖然在檢驗某些重要問題時，文化特徵是有用的，但文化特徵並沒有爲區分傳統農業與其他類型的農業提供一個基礎。同樣，這種基礎也不在於特定的制度結構的差別，例如，農場是處於居住所有制之下還是處於不在所有制之下、農場的規模是大還是小、農場是私人企業還是政府企業、生產是爲了家庭消費還是爲了銷售。雖然這些制度結構並不是傳統農業的關鍵所在，但它們在確定如何透過投資來實現農業現代化時卻是重要的。因此，在以後的一些章節中我們將詳細的檢視這些問題。前面我們還提到了資本和勞動的技術特徵。但是，因爲傳統農業和農業中使用的多種耕作技術和資本財都可以相適應，所以農業要素的這些技術特徵在這方面與以上所說的文化特徵和制度結構是相同的，即它們不能爲確定什麼是傳統農業、什麼不是傳統農業提供一個令人滿意的基礎。

一個經濟概念

在本書的研究中，傳統農業應該被當作一種特殊類型的經濟均衡狀態。從事後的觀點來看，假定存在特定的條件，農業就會在經歷一段長時期後逐漸達到這種均衡狀態。從展望的觀點來看，現在仍不屬於這種類型的一個農業部門，在同樣的條件下，長期最終也會達到以傳統農業爲特徵的均衡狀態。無論在歷史上還是在未來，作爲這種類型均衡狀態基礎的關鍵條件如下：⑴技術狀況保持不變，⑵持有和獲得收入來源的偏好和動機狀況保持不變，以及⑶這兩種狀況保持不變的持續時間，足以使獲得作爲收入來源的農業要素的邊際偏好和動機，同作爲一種對持久收入流投資的這些來源的邊際生產力，以及同接近於零的純儲蓄達到一種均衡狀態。

弄清楚在傳統農業這一概念中，作爲變數的經濟組成部分也是重要的。在達到這種類型均衡狀態的過程中，物質生產要素的存量和勞動力是主要的變數。再生產性物質要素存量的構成和數量可以透過投資和撤資來加以改變。可以獲得並開發新土地，作爲土地的一部分的建築物也可以改變。在達到這種類型均衡狀態的過程中，還可以從進一步的分工中得到某些好處。

傳統農業所代表的特殊經濟均衡狀態，是以構成再生產性生產要素供給基礎的技術狀況，構成對收入來源需求基礎的偏好和動機狀況，以及在一定時期內這兩種狀況保持不變爲基礎的。就技術狀況而言，以下事後的說明是基本必要。農民用的農業要素是自己及其祖先長期以來所使用的，而且在這一時期內，沒有一種要素由於經驗的積累而發生了明顯的改變；也沒有引入任何新農業要素。因此，農民對其所用的要素知識是這個社會中世代農民所知道的。長期以來，沒有從試驗、錯誤或其他來源中學到什麼新東西。所以，技術狀況是不變的，這一點符合古典學派的假設，然而在研究現代經濟成長中，這是一個經常被濫用的假設。

雖然知識是技術狀況的一部分，它通過言傳和示範由上一代傳給下一代，但這並不意味著，傳授下來的知識不是可靠的知識。一般說來，限於使用傳統農業要素的農民，比那些採取並學習使用新生產要素的農民，更確信自己對所使用的要素的瞭解。農民眞正關心的是體現了知識進步的要素中，固有的新型風險和產量的不確定性。對那些生產如此之少，以至於生產僅夠維持生存的農民來說，這種風險和不確定性是非常重要的。但是，因爲傳統農業沒有引入新要素，新風險和不確定性的成分就不存在；只是在開始改造傳統農業時，這種新風險和不確定性才會產生。這裡關鍵的問題是：在傳統農業的情況下，技術狀況實際是已知的、確定的、不變的，而且，再生產性要素的供給價格隨著這些要素數量的增加而上升。

如果只是因爲要設想出能改變基本偏好和動機的發展是困難的，那麼所考慮的基本偏好和動機可以長期保持不變則很值得懷疑。因爲隨著農業接近於傳統農業的特殊均衡狀態，追加的農業要素投資的邊際生產率就會繼續下降。這時就會達到一點，在這一點上報酬率如此之低，以至於對用於這些要素的追加投資的儲蓄毫無誘因。根據前面的論述可以看出，此時不會再引入新農業要素，而對所使用的全部要素的生產率在長時期內爲已知。相應的對農業投資的邊際報酬率實際上也完全爲已知，這種知識狀況存在的時期之長，足以在儲蓄和投資之間，或者說在對作爲收入來源的農業要素的需求與供給之間，形成一種均衡狀態。

如何改造傳統農業？

一旦傳統農業已經確立，它是一種長期的均衡狀態、不容易發生變化呢？還是一種暫時的均衡狀態呢？在檢視這一問題時，首先考慮除了技術狀況和偏好狀況的變化以外的因素是合適的。

如果農產品的價值提高了，農業要素的邊際收益就會增加，這會引起對農業要素的某種追加投資。新運輸設施減少了把農產品運送到終端消費者手中的成本，也可以有同樣的作用，即在一定程度上提高了農產品價值，並相應增加了對農業要素的投資。灌溉設施，或任何一種農民購買的農業要素成本的下降，都能引起類似的變化。但是，在這一切之中，如果農業技術狀況仍然不變，傳統農業特殊均衡性質的恢復只是時間問題。

如前所述，構成對收入流來源需求的基礎的偏好和動機看來是非常穩定的。在本書研究中以後將要考慮的原因，這種偏好和動機對多種不同的社會基本都是相同的。但是，技術狀況是另一回事。在解釋現代經濟成長中，無論這種成長是來自農業，還是來自其他經濟部門，技術狀況無疑是一個關鍵的變數。

可能的情況是傳統農業對現有技術狀況的任何變動，都有某種強大的內在抵抗力。傳統農業的概念就意味著，對所有生產活動都有長期形成的常規。引入一種新生產要素意味著，不僅要打破過去的常規，而且要解決一個問題，因爲新要素的生產可能性要取決於未知的風險和不確定性。因此，僅僅採用新要素並得到更多的收益是不夠的；必須從經驗中瞭解這些要素中固有的新風險和不確定性。以後要提出並證明的與這一問題相關的假說是，從事傳統農業的農民接受一種新生產要素的速度，取決於適當扣除了風險和不確定性之後的利潤；在這方面，傳統農業中農民的反應和現代農業中農民所表現出來的反應相類似。

一個難題

假設透過更好的配置現有傳統生產要素的存量，並不會有很多追加收入是正確的。這個假設並不排除從這個來源也可以得到某些小量的收益。但是，它意味著，這方面的成長機會是次要的。③再假定，增加某些傳統生產要素存量的投資只能產生非常低的報酬率也是正確的。④此外，也可能還有某些不完全性妨礙資本「市場」發揮作用，這種不完全性可以得

③ 甚至在非常發達的國家裡，也有許多不合理的資源配置，像近年來智利的情況就是這樣，在這些國家，消除這些不合理的配置「只可以提高百分之十五的國民福利」。這是阿諾德·C. 哈伯格（Arnold C. Harberger）從其對智利經濟的研究中得出的結論，見《更有效地使用現有資源》，載《美國經濟評論》（論文與紀錄），第四十九期（一九五九年五月），第一三四—一四六頁。

④ 雖然在技術上智利經濟遠非貧窮，但另一些有關智利的資料在說明可以用投資的低報酬率來解釋工業部門的

到糾正，而且，如果糾正了不完全性，就會出現某些追加的投資。但從這些措施中所得到的收入增加並不能爲經濟成長廣開門路。最後，再假定在其他社會裡有一些再生產性生產要素，這些要素不同於某個社會所依靠的傳統要素，這些差別使得它們生產率更高而且更有利。爲什麼現在依靠傳統農業的農民不利用這些生產率更高而且更有利的要素呢？

構成這個問題的難題使人們對瓜地馬拉帕那加撤爾（Panajachel）的情況更加不理解，在以後幾章我們將詳細檢視這個社會的情況。在那裡，人們顯然正在辛勤勞動，力行節約，並迫切的要出售自己的穀物、租用土地，以及爲消費和生產而購買物品。這個社會並不是一個自給自足的經濟體，而是與一個更大的市場經濟緊密的結爲一體。但是，更好的工具和設備並沒有取代鋤頭、斧子和砍刀；這裡甚至連個車輪也沒有。化肥並沒有取代或補充作爲肥料的咖啡葉子，雜交種子也沒有取代傳統的玉米品種，產肉和蛋更多的良種雞仍然沒有取代傳統的種雞。爲這個社會服務的城鎮商人和企業，沒有提供任何一種供銷售的優質要

緩慢增長方面是很有啓發的。湯姆．E. 大衛斯（Tom E. Davis）估算了「一九二九—一九五九年間聖地牙哥股票交易所三〇七家主要貿易公司普通股票的平均投資報酬率（包括資本收益）」，發現這些公司股東的（實際）報酬率僅僅是每年百分之二。參看《拉丁美洲經濟的資本報酬率：關於智利的專門資料》，收入爲南美經濟發展聽證會準備的證言，一九六二年五月十—十一日，美國國會經濟聯席委員會美洲間經濟關係分委員會。

素。如果有誰想使一個像帕那加撒爾那樣的社會，在它所依賴的技術狀況沒有任何改變的情況下持續幾十年，他就會發現，在瓜地馬拉市場經濟的範圍之內，這是不可能的。但是，帕那加撒爾在這方面卻世世代代做出了「不可能的事」。這的確是個難題。

第三章　傳統農業中生產要素配置的效率

貧窮農業社會中人們的經濟智慧總是受到非議。人們普遍認爲，從資本的收入看，他們只把收入的很少一部分用於儲蓄和投資；他們不注意價格的變化；而且他們總是忽視正常的經濟刺激。由於種種原因，人們常說，這些人在使用其所擁有的要素時做得很糟。但是，這些看法正確嗎？本章的目的就是要研究傳統農業中的農民配置其所擁有的要素時的效率。

經濟效率的假說

如前所述，存在著許多貧窮的農業社會，在這些社會裡人們世世代代都同樣耕作和生活。產品和要素的變化並沒有進入這些社會。對他們來說，消費和生產都不會增添什麼新花樣。透過長期的經驗，他們熟悉了自己所依靠的生產要素，而且正是在這種意義上，這些生產要素是「傳統的」。在所擁有的要素數量、種植的作物、使用的耕作技術和文化方面，這些社會之間顯然是不同的，但它們有一個共同的基本特徵：許多年來，它們在技術狀況方面沒有經歷過任何重大的變動。簡單來說，這意味著，這種社會的農民年復一年的耕種同樣類型的土地、播種同樣的穀物、使用同樣的生產技術，並把同樣的技能用於農業生產。爲了檢視這些農民配置生產要素的行爲，我們提出下列假說：

在傳統農業中，生產要素配置效率低下的情況是比較少見的。

在這種情況下，生產要素由傳統要素組成，而且這一假說僅限於特定社會的人民所擁有的要素。還應該明白的是，並不是所有的貧窮農業社會都具有傳統農業的經濟特徵，有一些社會因爲容易發生變化而不包括在內。任何一個經歷了重大變化，但還來不及全面進行調整的社會就不包括在內。一般說來，當修建了一條新公路或鐵路時，一個受到影響的社會要適應這種情況是需要一定時間的。一條新大壩、一些灌溉渠道以及控制洪水和減少水土流失的建築都會擾亂受到影響的社會的經濟秩序。一次嚴重的自然災害——洪水或乾旱，繼之以饑荒——很可能是失衡的根源。還應該把某些貧窮的農業社會排除在外，因爲這些社會發生了重大的政治變動，例如，分裂、強徵許多人民入伍，或戰爭對人力和非人力資源的破壞引起的政治變動。由於影響貿易條件的外部發展而引起的產品相對價格的重大變動，也會打亂某個特定社會平靜的經濟生活。在現代，破壞農業社會均衡狀態最主要的力量是農業中所應用的知識的進步。任何一個正在調整自己的生產使之適應上述發生的種種情況的貧窮農業社會，都不包括在可以使用**有效而貧窮這一假說**的傳統農業之中。某些社會由於在生產中作出了重大調整而不包括在適用這一假設的傳統農業中，這並不意味著，他們在作出調整中必然是低效率的。當然，對那種情況的檢驗是不同的。

無論想要檢驗還是檢視上述假說的含義，都必須區分用於當前生產的要素存量的有效配置和增加這種存量的最佳投資率。目前這個階段，在運用這個假說時，假定投資報酬率爲既定，而且無論這個報酬率是高或低；又假定要素總存量每年只能有少量增加，這樣做會方便些。因此，報酬率既可以高也可以低，或者說，如果你願意的話，也就是增加的收入流的價格既可以貴也可以賤。在現行投資報酬率爲既定的情況下，現在這一假說只與當前農業生產中現有要素的配置相關。投資問題將在以後考慮。

談一談這一假說的幾點含義可能是有益的。主要的含義當然是，依靠重新配置受傳統農業束縛的農民所擁有的要素，不會使農業生產有顯著的增加。緊接著的含義是，所種植的穀物的配合，耕種的次數與深度的大小，播種、灌溉和收割的時間，手工工具、灌溉渠道、役畜與簡單設備的配合——這一切都很好的考慮到了邊際成本和收益。這暗示著重要的不可分性（indivisibilities）還沒有出現，產品和要素的價格看來也是可變的。另一種含義是，一個外來的專家，儘管精於農業經營，但他絕找不到這裡的要素配置有什麼明顯的低效率之處。在這些假說的任何一種含義都與所觀察到的、相關的事實相矛盾的範圍內，這裡所提出的假說就可能值得懷疑。

不要忘記一個外來專家所能做的有用的事，是超出對現有要素的配置，但應該強調的是在檢驗這一假說時，不允許改變社會所擁有的生產要素的技術特徵，也不允許提供關於其他社會已有的優質要素的新的有用知識，即不允許提供比原先的成本少的這種知識。這樣做將會改變尋找有關其他經濟機會的資訊的成本和收益。顯然，進行這種檢驗時是排除了由專家引入良種和其他技術上優越的投入品的。如果外來的專家在這些方面成功了，他就會改變既定的均衡狀態，這種均衡狀態體現了這裡研究的社會的經濟活動特徵。

這個假說還有另一種含義，就是沒有一種生產要素仍未得到利用。在現有技術狀況和其他可利用的要素爲既定的條件下，每一塊能對生產作出淨貢獻的土地都得到了利用。灌溉渠道、役畜和其他形式的再生產性資本都是這樣。此外，每一個願意並能作一些有用工作的勞動力都就業了。當然，設想農業中有一些來自國外的技術條件妨礙了「充分」就業也是可能的。也可以想像工人會如此之壞，以至於彼此相互礙事。還可能存在著生產要素的不可分性。但是，這些看來都無關緊要，因爲在這種農業社會中並沒有發現上述情況。最近的學說認爲，農業生產活動經常是這樣的情況：有能力的工人不能對生產作出什麼貢獻——即一部分農業勞動力的邊際生產率是零——我們在下一章將要檢視這個學說。關於有效而貧窮的假說並不意味著勞動的實際收入（生產）不是貧乏的。收入少於維持生活的必需與這一假說並不矛盾，這是以存在著其他收入來源爲條件的，這種收入可能是來自於屬於工人的其他要素，也可能是來自於家庭之內或社會上家庭之間的轉移。

在轉向現實世界去檢驗這裡所提出的假說時，主要的困難是缺乏有用的資料。作出任何一種可能是不充分的估算，並把這種估算納入科布—道格拉斯（Cobb-Douglas）型生產函數的傾向，一般總是完全浪費時間。幸而有些長期研究這種類型的特殊社會的社會人類學家，勤奮的記錄了產品和要素的價格，主要經濟活動的成本和收益，以及生產、消費、儲蓄和投資所藉以進行的制度結構。以下進行的兩個這種研究——一個是關於瓜地馬拉的印第安人社會，另一個是關於印度的一個農業社會——特別有用而合適。現在就根據以上所提出的假設來檢視這兩個研究。

瓜地馬拉的帕那加撤爾：十分貧窮而有效率

索爾．塔克斯所進行的經典性研究，《一個便士的資本主義》，[①]是用這樣的話開頭的：這是「一個微型的『資本主義』社會。這裡沒有機器、沒有工廠、沒有合作社或公司。每個人就是自己的企業並辛勤的爲自己工作。只有小額貨幣；存在著靠自己運送物品的貿易；自由企業家、沒有人性的市場、競爭——這些都存在於鄉村經濟中。」塔克斯確信，這個社會是非常貧窮的，它處於強大的競爭行爲之下，並且確信這個社會的八百個人充分利用了自己所掌握的大部分要素和生產技術。[②]

沒有一個人不爲這些人的異常貧窮而驚訝。塔克斯這樣描述了他們的貧窮：他們「缺醫少藥，居住在幾乎沒有家具的骯髒茅棚裡，只能用爐灶來照明，以至於弄得滿屋子都是煙，也許還用松脂火把或是洋鐵皮做的小煤油燈照明；這裡的死亡率很高；他們缺乏食物，大部分人每週吃不起半磅肉……。這裡幾乎沒有學校；農田裡的工作離不開孩子們的勞

---

① 這本書最早發表在史密森（Smithson）研究院社會人類學研究所的《公報》第十六期上（華盛頓，美國政府出版局，一九五三年），芝加哥大學出版社重印，一九六三年。

② 爲這一研究確定基調的資料所包括的時期是一九三六—一九四一年。塔克斯教授從一九三五年秋季到一九四一年夏季生活在這個社會裡（參看他的前言）。

動……。生活的主要內容就是從事艱苦的勞動。」③塔克斯提供了許多衡量消費品和生活水準及費用的資料，來支持對這個社會貧窮狀況的淋漓盡致的描述。

這個社會到處存在產品和要素的定價的競爭。「一切家庭用品——陶器、磨石、籃子、葫蘆製成的容器、瓷器等等——特別是所有的家具，諸如桌子、椅子和草席，都必須從其他城鎮運來。許多穿著用的東西，諸如做裙子和上衣的材料、帽子、涼鞋、毛毯、手提包，以及編織其他東西的棉花和線必定也是這樣。大部分基本食物：大部分玉米，所有的柳丁、鹽和調味品，大部分辣椒，以及大部分肉食……也必定是這樣。他們依靠出售農產品來得到貨幣……。主要用於銷售的商品是，洋蔥和大蒜、大量的水果，以及咖啡。」④從各方面來說，價格都是非常靈活的。

塔克斯繼續提供了這樣的事實，印第安人「首先是一個企業家，一個商人」，他總是在竭力尋求哪怕只能賺到一個便士的新途徑。他購買自己能買得起的東西時非常注意不同市場上的價格，他認眞的計算其生產用於銷售或家庭消費的穀物時自己勞動的價值，並與受雇工作時的情況加以比較，然後根據計算與比較再行動。他機靈的注視著出租或典當一塊土地的

③ 參看塔克斯的書，第二十八頁。
④ 同上，第十一——十二頁。

收入，而且，在得到從別人那裡買來的少量生產物資時，他也是這樣做。所有這些商業活動，「都可以作爲，**在一個非常發達的、傾向於完全競爭的市場條件下，由一個既是消費單位又是生產單位的居民所組成的貨幣經濟的特徵**」。⑤

這種經濟適應於一種穩定的、實際是靜態的常規方式。並不是印第安人從來不尋找新途徑來改變自己的命運。塔克斯注意到「印第安人一直在尋求新的更好的種子、化肥和耕作方法」。但是，進步不是經常的，而且他們的努力對生產的影響也非常小。「外國人」對阿替特蘭（Atitlan）湖沿岸某些土地的需求越來越高，但這種發展對印第安人用於種植穀物和建造茅屋的土地影響甚微。公共汽車和卡車被用於一些較遠城鎮的運輸，也被用於往來於這些城鎮的市場，這是因爲汽車運輸比步行和搬運物品更「便宜」。到阿替特蘭湖附近來旅遊的人多起來了，但是，這些對該社會的影響幾乎覺察不到。⑥

《一個便士的資本主義》中對這種社會人民行爲的仔細描述，和許多說明價格、成本和收益的表中所反映出來的各種證據，有力的支持這樣一種推論：人民在配置當前生產中他們

⑤ 參看塔克斯的書，第十三頁。著重號是塔克斯所加的。

⑥ 在間隔了二十年以後，塔克斯教授偶爾又訪問了瓜地馬拉的這個印第安人社會。這次簡短的訪問的最大印象就是，這裡的生活和經濟實際上仍然沒有改變。

所擁有的要素時是很有效率的。生產方法、要素和產品中都不存在明顯的不可分性。在男人、女人或能工作的孩子中，既不存在隱性失業，也不存在就業不足，而且對他們之中年齡最小的人來說，也沒有零邊際產量這種情況。因爲即使是年紀很小的孩子，也可以到田裡工作而作出某些有價值的貢獻，所以他們就沒有時間去上學。產品和要素的價格是靈活的，人民對利潤作出了反應。在他們看來，每一個便士都要計較。

印度的塞納普爾：貧窮而有效率

W. 大衛．霍珀（W. David Hopper）在《中印度北部農村的經濟組織》⑦中所作的研究描述了世界上另一個地方的經濟，該經濟在利用其要素時看來也是很有效率的。作爲一個人類學家，霍珀和塔克斯同樣著手研究這個村莊。他像塔克斯一樣，在這個社會生活了一段時期並且觀察了該社會的文化、社會和其他特徵之後，決定主要集中研究這個村莊的經濟。

對於人類學學者來說，印度的塞納普爾（Senapur）和瓜地馬拉的帕那加撒爾之間，無

---

⑦ 這是一篇一九五七年六月在康奈爾大學提出來的博士論文，還未發表。塞納普爾村位於恆河平原。進行研究時，這個村莊有一千零四十六英畝土地和約兩千一百口人。霍珀從一九五三年十月到一九五五年二月住在塞納普爾村。

疑存在著重要的文化和社會差別。⑧在生產和消費水準方面也有某些不同，塞納普爾雖然不像帕那加撤爾那樣貧窮，但依西方的標準來看，它仍然是貧窮的。塞納普爾有一所從一年級到五年級的學校，直到前不久，它仍然主要是為比較有特權的種姓服務。「生產用的」牲畜的數量出人意料的多：有二百七十頭乳牛和水牛，四百八十頭在田裡工作的公牛。資本存量包括了灌溉用的水井、渠道、蓄水池、挖掘工具、犁、切草機和一些小型設備。塞納普爾比瓜地馬拉的社會有更多的專業人員：挖井工、陶工、木匠、製磚工、鐵匠等等。但整體而言，塞納普爾是貧窮的。

霍珀仔細檢視了塞納普爾人民所擁有的生產要素。印度這一帶地區的特徵是有良好的自然資源，無論在該社會之內，還是該社會之外，都有大量可用於生產和消費的再生產性資源。霍珀還描述了透過已建立的產品和要素市場所表現出來的競爭力量的行為。

霍珀對其研究的一個重要部分作了這樣的結論：「到過塞納普爾的人都不得不對農民利

---

⑧ 例如，塞納普爾有長期形成的種姓制度，而瓜地馬拉社會在家庭社會地位的上升與下降方面有其獨特的靈活性。在塞納普爾，有特權的種姓家庭，主要是查庫（Thakur）家，可以把其財產、特權和社會地位保持許多代。塔克斯發現，在瓜地馬拉社會裡，婚姻打破了財產界線，而在經濟和社會方面有很大的流動性；這樣，把上層家庭與其他家庭區別開來的社會與經濟差距並不明顯。因此，在《一個便士的資本主義》中所看到的這些家庭，由於有很大的流動性，即使是從這一代到下一代，財產狀況也在發生著變化。

用自己物質資源的方式感到驚訝。古老的技術靠著世世代代的實際經驗得以精益求精，而且每一代似乎都有有經驗的人在技術上和實踐上作出某種改進，從而社會經驗知識也改進了。輪作制、耕種法、種子品種、灌溉技術，以及在力氣小而且材料差的不利條件下，鐵匠和陶工的工作能力，這一切都保留著豐富的實際經驗和文化傳承的痕跡。」然後，霍珀向自己提出了這樣一個問題：「塞納普爾的人民實現了自己的物質資源的全部潛力了嗎？……從村民的觀點來看，回答應該是肯定的，因爲一般說來，每個人都竭盡了自己在一定知識和文化背景下的最大努力。」⑨

幸運的是，霍珀所收集的資料允許自己對所考慮的要素配置假說進行嚴格的檢驗。⑩他的辦法是，透過資料所揭示的要素配置決策，確定隱含於其中的一組產品和要素的相對價格。在從農民的生產活動中所隱含的價格，來確定農民要素配置的效率時，霍珀把大麥的價格作爲計算單位。他從要素配置的角度，根據大麥的隱含價格來估算每一種產品，在大麥爲一時，小麥是一點三二五；豌豆是〇點九四三；綠豆是〇點八二八。每種要素隱含的價格是

⑨ 參看霍珀的書，第一六一頁。

⑩ 霍珀：《一個典型印度農場的資源配置》，芝加哥大學農業經濟研究所，第六一〇四號論文（一九六一年四月二十一日，油印本）。

根據其在生產中的使用，按平均產品價格及其標準誤（Standard Error）來估算的，結果如下：⑪

霍珀從這些資料及其檢驗中推論出：「各種價格的估算之間顯然是非常一致的。看來由典型農戶所作出的平均要素配置，在現存技術關係的範圍內是有效率的。沒有什麼證據可以說明，在農村依靠傳統的資源和技術時，透過改變現在的要素配置能使經濟的產量提高。」

對那些有市場價格的產品和要素來說，隱含的價格與市場價格是接近一致的。這些價格如下：

	大麥	小麥	豌豆	綠豆	平均
平均價格	1.00	1.325	0.943	0.828	
要素價格	生產中使用的要素量				
土地	4.416	4.029	4.405	4.845	4.424
（英　畝）	(1.056)	(0.855)	(1.185)	(0.857)	
公牛時間	0.0696	0.0716	0.0820	0.0834	0.0774
（小　時）	(0.0116)	(0.0098)	(0.0180)	(0.0156)	
勞動	0.0086	0.0097	0.0087	0.0076	0.0086
（小　時）	(0.0026)	(0.0037)	(0.0021)	(0.0030)	
灌溉用水	0.0355	0.0326	0.0305	0.0315	0.0325
（750 加侖）	(0.0122)	(0.0078)	(0.0111)	(0.0234)	

⑪ 霍珀：《傳統印度農業的要素配置效率》，載《農業經濟學雜誌》（即將出版）。

產品或要素	相對的大麥價格（盧比）	按大麥價格進行調整（盧比）	實際市場價格（盧比）
大麥（10 萬擔）	1.00	9.85	9.85
小麥（10 萬擔）	1.325	13.05	14.20
豌豆（10 萬擔）	0.943	9.29	10.40
綠豆（10 萬擔）	0.828	8.16	10.85
土地（英畝）	4.424	43.57	8.00—30.00（只是現金地租）
公牛時間（小時）	0.0774	0.762	沒有得到資料
勞動（小時）	0.0086	0.085	0.068（只是現金與實物）
灌溉用水（750 加侖）	0.0325	0.321	沒有得到資料

除綠豆外，這些產品的隱含價格和實際市場價格都是接近一致的。霍珀觀察到，就綠豆的情況而言，對價格正在上升的綠豆，市場反應有些落後；在霍珀研究資料的前三年，綠豆的相對價格一直在上升。這一重要的研究成果說明了「市場價格與隱含價格是十分接近的」。塞納普爾人民對所得到的生產要素，作出了有效的配置。因此，這種檢驗有力的支持了本書所提出的假說。

結論與含義

有關帕那加撤爾和塞納普爾當前生產中要素配置的資料，與本章開頭所提出的假說是一致的。然而，重要的是要注意到，在得出這兩個社會的要素配置沒有什麼明顯的低效率之處這一結論時，要素的概念中所包括的內容超過了一般定義中所說的土地、勞動和資本。這一概念還包括了技術狀況或者說是生產技術，這是人們的物質資本、技能和技術知識的組成部分。換言之，抽離技術狀況就不能說明要素。根據這種全面的要素概念，這個社會之所以貧窮是因爲經濟所依靠的要素，在現有條件下無法生產得更多。反過來說，在這些簡單化的條件下，所看到的貧窮狀況並不是要素配置有什麼明顯的低效率而造成的。

雖然不可能證明這兩個社會是大多數貧窮農業社會的典型，但假設它們的代表性看來是非常合理的。而且，這種合理性得到了事實的支持，就是所考慮的假說，看來符合對這類社會所作的其他廣泛的經驗研究。約翰・洛辛・巴克（John Lossing Buck）對中國農業經濟所作的著名研究⑫和彼得・T. 鮑爾（Peter T. Bauer）與巴茲爾・S. 耶邁（Basil S. Yamey）引用的許多事例⑬都同樣支持了這一看法。然而，對所有這些資料進行全面的檢視

⑫ 巴克：《中國的農業經濟》（芝加哥，芝加哥大學出版社，一九三〇年）。

⑬ 鮑爾和耶邁：《開發中國家的經濟學》，劍橋經濟學手冊（芝加哥，芝加哥大學出版社，一九五七年），第六章。

已經超出了本書研究的範圍。

這一假說所依靠的經濟前提及其得到實證的支持，保證了我們可以把這一假說作爲一個廣泛運用的命題。這一假說本身有許多含義，其中有些我們已經說過了。

文盲意味著什麼？人民是文盲這一事實並不意味著，他們在配置自己所擁有的要素時，對邊際成本和收益所決定的標準反應遲鈍。人民是文盲只表明，人的因素所具有的能力，小於他們獲得與教育相關的技能和有用知識時所應具有的能力。雖然教育可以極大的提高人的因素的生產率，但它並不是有效的配置現有要素存量的前提。有一種看法，認爲這些貧窮農業社會，沒有足夠精明強幹的企業家，利用現有要素作出令人滿意的成績，這十之八九是錯誤的。在某些情況下，這些企業家可能要服從於引起要素配置低效率的政治和社會限制，但是這種限制對生產的不利影響完全是另一回事。

還有另一個結論與一種廣爲流行的觀點相反，這種觀點認爲這些社會的農民對改變其支配的要素存量的發展沒有作出反應。這種觀點還認爲，農民沒有適應產品和要素相對價格中的變化。如果眞是這樣的話，那就無法相信除了純粹的偶然外，這些社會的要素配置總是基本上有效率的。而且，霍珀和塔克斯都明確指出，這些農民會作出反應。可以這樣來提出問題：如果建了一條新的灌溉渠道或者得到了某種作物的新良種，他們會作出反應嗎？雷傑·克里斯娜（Raj Krishna）關於二〇、三〇年代期間印度旁遮普邦（Punjab）農民對供給的反應這一開創性研究⑭指出，這裡的農民在棉花生產方面適應的時間間隔和美國的棉農差不多。不管他們適應經濟條件變化的速度如何，與這種分析相關的重要事實是，他們的確能作出反應。由此可見，很久以前這種社會基本實現了有效的配置其所擁有的要素，所以它能在許多年來一直過著平靜的、墨守成規的經濟生活。

還有一組估算是以典型的科布—道格拉斯型生產函數爲基礎的，這組估算包括了印度的六類農戶，它似乎是要說明要素配置效率特別低。厄爾·O. 黑迪在世界各地的三十二個調查表中包括了印度的這六組估算。⑮這六組包括印度農戶的估算主要是根據一九五〇年代中期的資料。在這些估算中，每一點〇〇（單位）勞動成本的邊際收益是從〇點三到一點七八。⑯對土地來說，成本的邊際收益所包括的範圍還要廣一些，租用每一點〇〇（單位）

⑭ 克里斯娜：《旁遮普邦（印度—巴基斯坦）農戶對供給的反應：對棉花的一種研究》（未發表的博士論文，芝加哥大學，一九六一年）。

⑮ 厄爾·O. 黑迪：《生產技術、生產單位規模和要素供給條件》，在農業與經濟成長關係的社會科學研究委員會會議上提交的論文，斯坦福大學，斯坦福，加利福尼亞，第十一—十二號，一九六〇年。

⑯ 就勞動而言，沒有一種估算能說明印度烏塔爾普拉迪西（Uttar Pradesh）的小麥種植情況，無疑這種分組有許多不合理之處，因爲正是這一組估算說明了對每一（單位）投入品的成本來說，土地的邊際收益是二點二二，資本的邊際收益是六點九七。

土地的邊際收益，最低是〇點〇五，最高是三點六〇。但是，最極端的結果是關於再生產性物質資本的紀錄。每一（單位）資本成本的邊際收益是從——〇點八五到六點九七。

雖然黑迪提到了這些估算的一些可能限制，⑰但並沒有把這些限制看得十分嚴重。霍珀對印度塞納普爾問題資料的仔細研究，充分說明了這種「每月工資率」以及土地的「租金收入」是最不精確的。就資本而言，黑迪說明了「選定資本利率本身就是問題」，⑱因爲資本利率的大小是「百分之六－百分之二百」。靠這種資料進行研究的結果沒有什麼意義是毫不奇怪的。如果說印度的這些農業社會正在經歷著迅速的經濟成長，而且它們面臨著還來不及適應的要素和產品價格的重大變動，那麼要素成本邊際收益的不一致性就有其合乎邏輯的基礎。但是，當時印度還沒有發生這種重大的發展。值得注意的是，對所提出的印度六組農戶的估算有這樣大的變動範圍，無法作出一種合乎邏輯的解釋；如果試圖進行解釋的話，這種估算結果的不可靠性就更明顯了。

---

⑰ 在這些可能的限制中，黑迪列舉了：「(a)說明的重點，(b)總量，(c)代數的形式，(d)抽樣，以及(e)其他統計推算方面。但是，我們認爲，這些資料儘管只代表了全國農業的一小部分，卻提供了一些數量方面的比較。」第三十五頁。

⑱ 黑迪：《生產技術、生產單位規模和要素供給條件》，第三十五頁。

從大部分貧窮農業社會在要素配置方面，很少有什麼明顯的低效率，這一看法中還可以得出另一種含義，就是無論本國還是外國的有能力的農場經營者，都不能向農民說明如何更好的配置現有生產要素。應該再一次強調的是，這種含義之所以能成立，是在於假定這些有能力的專家，僅限於就現有要素向農民提出建議，亦即他們沒有透過引入其他要素，包括引入利用這些其他要素的知識，來改變增加生產的機會。

最後，還有一種含義是，在這些社會中不存在部分從事農業勞動的勞動力的邊際生產率爲零的情況。但是，因爲這種特殊含義與一種根深蒂固的學說相矛盾，所以下一章就要檢視這種學說的基礎，並且要說明，爲什麼這是一個關於貧窮農業社會中勞動生產率的錯誤的經濟學概念。

第四章　零值農業勞動學說*

* 茲維．格里利切斯、戴爾．W. 喬根森和安東尼．M. 唐（Anthony M. Tang）對本章初稿的評論使我受益頗多。自從本章寫成後，貝德．肯那德加（Berdj Kenadjian）未發表的博士論文：《開發中國家的隱性失業》（哈佛大學，一九五七年）已引起西北大學弗蘭克．費特（Frank Fetter）教授對該作者的注意。這篇文章認眞而富有批評性的研究了提出「隱性失業」的那些人的理論前提，並且廣泛的檢視了竭力以「估算」來支持這一概念的那些人所用的實證資料。建議任何一個要繼續從事這種研究的人去看看肯那德加的研究，其中還包括一份非常有用的有關文獻的目錄。

構成零值勞動（labor of zero value）學說的基礎，是農業中有些工人對生產沒有作出貢獻的概念。根據這一概念，儘管這些工人在一年裡①做了許多工作，但並沒有使生產出來的東西有所增加。這種勞動的邊際生產率是零。因此，不必作任何其他重要變動，即使這部分勞動力從農業中轉移出去也不會減少生產。由此可見，這部分農業勞動力完全是多餘的；它是過剩勞動，而且，可以在除了轉移費用之外沒有（機會）成本的情況下用於工業化。

這個概念並不是建立在工人勞動能力的差異之上。因此，它不同於區分某些地塊的「無地租」土地的概念。當然，有些人是做不了什麼工作的老弱病殘，零值勞動的概念中並不包括這些人。**這一概念只適用於那些願意工作、能夠工作，而且實際上也正在工作的人。**這一概念也並不意味著，多餘的勞動者沒有任何個人收入。然而，這種收入必定或是來源於屬於這種工人的其他要素，或是來源於一個家庭內或社會各家庭之間的轉移。

鼓吹這一概念的人認為，它主要適用於低收入國家的農業。在這些國家裡，有多少農業

---

① 某些研究者把農事工作的季節性和一年做的工作混淆起來。在分析問題時把這兩個概念混在一起是不合適的。農事工作可能是集中在短期內，例如集中在小麥的生長期。然而，這種勞動的（年）生產率可能和在一年裡還需要用更多勞動日來做的其他類型農業勞動的生產率一樣高。

勞動力屬於這種「零值」勞動呢？經常出現的是百分之二十五這個數字。②如果這個數字正確的話，那麼有四分之一的農業勞動力在如下的意義上是「自由勞動」，即：這種勞動力可用於其他目的（工業化）而不必花費除了轉移費用以外的任何其他成本。這樣就產生了一種學說。

這種學說的問題是，它依靠了一種不可靠的農業勞動生產率概念，而且它與任何一種有關的資料都不一致。有些人企圖把農業說成彷彿服從於某些特殊技術限制，來給這種學說一個理論基礎；但是，正如以後要說明的，這些限制是如此牽強，以至於很難經得起批判性的檢視。哈威．萊賓斯坦（Harvay Leibenstein）根據以現有食物供給再分配給為數更少的農業工人所提出的分析說明，在某些特殊條件下，剩餘勞動力整體的有效體力可以得到增加，但正如萊賓斯坦明確說明的，重要問題根本不在這裡。③

---

② P. N. 羅森斯坦—羅丹（P. N. Rosenstein-Rodan）在一九四三年的文章中簡單地假定在東歐和東南歐「大約有百分之二十五的人……處於全失業或部分失業」（《經濟學雜誌》第五十三期）。W. 亞瑟．路易斯（W. Arthur Lewis）在一九五五年說：「根據對印度的詳細計算……所得出的結論是，相對於需要來說，至少有四分之一的農業人口是過剩的。」（《經濟成長理論》，〔倫敦，阿倫與歐文出版社，一九五五年〕第三二七頁）

③ 哈威．萊賓斯坦：《經濟落後與經濟成長》（紐約，威勒出版社，一九五七年）；萊賓斯坦：《落後經濟的就業不足理論》，載《政治經濟學雜誌》，第六十五期（一九五七年四月）；萊賓斯坦：《對落後經濟中

下面將簡要的考慮這一學說的三個內容：(1)它的根源；(2)給以理論基礎的企圖；以及(3)同這一問題有關的某些實證資料。在論述這些問題之前，要首先評論貧窮社會中農業的兩個基本特徵：一般說來，勞動生產率低下，以及在沒有其他重大變化的條件下，當較大部分勞動力抽離時，農業生產一般會減少。

很容易看出，爲什麼第一個特徵易於使那些習慣於用美元來衡量餘量（margins）的粗心觀察者犯錯誤。在他們看來，像一分錢這樣的餘量與零之間的差別也是很難分的。他沒有看到僅值一分錢的餘量；而在這種經濟中，這些餘量是實際而有用的。第二個特徵實際上證明了這裡所提出的推論，即與所研究的概念相一致的零值農業勞動。

區分下列三種經濟狀態有助於釐清問題：

1. 一種經濟狀態是：在這種經濟中，由於社會所支配的要素的原因，農業中勞動的邊際產量非常低，而且，在這種經濟中，當適當考慮到轉移費用時，農業勞動所生產的與其他部門類似的勞動所生產的同樣多。以前所討論的瓜地馬拉帕那加撤爾的「一個便士的資本主

就業不足的某些補充說明》，載《政治經濟學雜誌》，第六十六期（一九五八年六月）；以及雅各．威納（Jacob Viner）：《對「隱性失業」概念的某些說明》，載《對經濟發展分析的貢獻》（里約熱內盧，利烏拉利亞．阿希爾出版社，一九五七年）。

義」正是這種狀態。

2. 另一種經濟狀態是：在這種經濟中，農業中勞動的邊際產量少於考慮到轉移費用後其他部門中類似的勞動的邊際產量。這種狀態是典型的失衡，是許多現代農業的特徵；雖然需要進行調整，但農業中的勞動供給是過剩的。

3. 還有另一種狀態：在這種經濟中，農業中工作的部分勞動力的邊際生產率爲零。

第一種和第二種經濟狀態是理解農業問題的基礎。如前所述，第一種狀態是許多貧窮農業社會的典型，因爲這些社會處於一種長期均衡的穩定狀態。第二種狀態主要與成長及其適應的時間間隔相關，它代表了一種根源於經濟成長中的失衡狀態。這種狀態可以持續幾十年，目前它在某些農業技術處於領先地位的國家裡最明顯。在剛剛開始現代化的典型的貧窮農業社會，與在這方面最先進的社會之間還有許多失衡的中間類型。但是，這裡研究的是第三種經濟狀態。雖然「零值勞動」的概念有時也被用於分析新的、更好的農業生產要素對農業中勞動邊際產量的影響，但在這裡僅限於分析在生產技術或非人力與人力資本的數量和形式不變的條件下，減少勞動對生產的影響。

「零值勞動」學說的各種根源

這種學說的根源有力的說明了其普遍性與說服力。西方工業國家的總需求不能維持充分就業，這種情況在一九三〇年代長期而嚴重的蕭條期間顯然是眞實的，它對許多貧窮的農業國家顯然有不利的影響。但是，因爲這些窮國主要是農業國，所以它們沒有發生明顯的大規模失業。④人們仍然簡單地從事農業勞動，於是就引起了這樣的假設：他們之中的許多人必然沒有生產出有價値的東西。在國內看到了工業中的大規模失業，因此認爲國外農業中零値勞動的存在就是一種相應的情況。儘管第二次世界大戰後經濟復甦，國內生產大幅度上升，但認爲農業中就業的部分勞動的邊際生產率爲零的信念仍然存在。與此同時，支持這種簡單觀點的事實根據卻因許多試驗而動搖。這些試驗是想用增加窮國貨幣供給的辦法，把「零値」的農業工人吸引到生產中來增加生產，而其結果僅僅是引起了通貨膨脹。⑤

這種學說的主要根源是一組由玩弄把戲而形成的錯誤的統計估算（這種把戲認爲，農業似乎可以組織所有農業工人全年每天工作十小時，當然星期日與假日休息），或是利用技術比較先進的國家所達到的生產要素的結合和較高的勞動產量，並且把這兩個因素的混合，應

---

④ 在以上述第二種經濟狀態爲特徵的現代農業中，「就業不足」（underemployment）是作者在《不穩定經濟中的農業》（紐約，麥克勞—希爾公司，一九四五年）中廣泛運用的概念，特別可以參看第四十七頁和第一八九—二〇一頁。這一概念也被運用到了並不適用的傳統農業中。

⑤ 舒爾茨：《拉丁美洲的經濟試驗》，載《紐約州立工業與勞動關係學校公報》，第三十五期（伊薩卡，康奈爾大學，一九五六年八月），第十四—十五頁。

用於貧窮的農業社會。玩弄這種把戲的人不懂得農業的季節性這一最重要的基礎；他們也沒有認識到，少數高收入國家農業中勞動力數量的絕對減少，是最近的發展，而且這種情況是透過向農業中引入能代替農業勞動和土地的眞正現代化要素，才成爲可能的。

支持這一學說的另一個根源是到國外去的農業專家的看法。這種專家記得農業中存在過剩勞動的情況，這是某段時間裡西方國家，特別是美國農業的狀況。這樣的專家在國外看到的農業情況，受到他關於作爲許多現代農業特徵的失衡狀態的影響。因此，他認爲當農業中有許多工人工作時，他們生產得非常少，而且其中有許多人還經常空閒。他認爲農業中的過剩勞動，比自己所知道的存在過的情況，如美國，更爲嚴重，他認爲這種信念是非常有道理的。但是，經濟學家在接受農業專家的這一觀點時一定要謹愼，因爲農業專家還有其他看法。農業專家並不像有些經濟學家所習慣的那樣，把勞動單獨挑出來作爲貧窮農業社會中唯一「沒有得到充分利用」的要素。正是這樣的專家認爲農業在各方面都是「低效率的」。他們敏銳的指出，對土地的「利用」是不足的，對灌溉設施的利用也是如此；肥料使用得太少，而且所使用的也不是各種土壤營養的最佳混合；對種子、穀物貯藏設施、役畜和設備，都作出了同樣的判斷。有一點不應弄錯，即農業專家並沒有問農業社會靠其擁有的要素能生產什麼；他所關心的是有關農業現代化的基本問題，這完全是不同的事。

對理論的屈從

農業中部分勞動力的邊際生產率爲零，這一概念的理論基礎是什麼呢？R. S. 埃卡斯（R. S. Eckaus）引入了兩個條件，即「要素市場的不完全性」以及「要素的有限技術替代性」。⑥埃卡斯所檢視的各種要素市場的不完全性，對其論點來說並不是基本的，而且，這些不完全性也不是窮國經濟所特有的。他關於農業中零值勞動的例子直接依據的是這一假設：在任何有適用餘量的情況下，不存在農業要素技術替代的機會。但是，這個關鍵的假設確實與事實相矛盾，因爲無論在什麼地方都沒有看到在農業的產品、要素或生產方法上，存在著一種可以支持這一假說的必然的、重要的不可分性。瓦伊納的看法是正確而清楚的：「我發現，要是認爲在其他生產要素的數量及形式都不變的條件下，透過已知的方法，即更仔細的選種和播種，更廣泛的除草、耕作、間苗和施肥，更辛勤的收割、拾穗和清掃穀物等來追加勞動，不會使產量有某些增加，這是不可能的。」⑦

雖然這一學說的理論基礎動搖了，但認爲把窮國土地上的勞動抽走四分之一，不會使農

⑥ 埃卡斯：《開發中國家的要素比例》，載《美國經濟評論》，第四十五期（一九五五年九月）。

⑦ 瓦伊納：《對「隱性失業」概念的某些說明》，第三四七頁。

業生產下降的意見仍然存在。⑧

實證的檢驗

有一種理論看來是依賴於一些牽強的假設，但它在解釋特殊資料時卻是有用的。這樣，問題就是：有沒有什麼似乎反映了部分農業勞動力邊際生產率爲零的資料？假定有這樣一個貧窮的農業社會，其中勞動力抽走四分之一或略少一些，而且沒有發生其他重大變化；再假定農業生產仍然沒變。這種資料就符合這種理論。

如果說所有的農業勞動力都是部分時間工作，而且是大部分人在大部分時間工作，那麼，它本身並不與這種理論矛盾。如前所述，這種理論不是一種關於季節性失業的理論。哈里·T. 奧希邁（Harry T. Oshima）⑨和巴克⑩所引用的關於貧窮社會中收割時期和其他工

---

⑧ 納什·艾哈邁德·漢（Nasir Ahmad Khan）：《開發中經濟的成長問題》（孟買，亞洲出版社，一九六一年）。

⑨ 奧希邁：《開發中經濟的就業不足：一種實證的評論》，載《政治經濟學雜誌》，第六十六期（一九五八年六月）。

⑩ 巴克：《中國的土地利用》（芝加哥，芝加哥大學出版社，一九三七年），第一卷。

作繁忙時期，農業中缺乏勞動力的許多資料並不是清楚的檢驗，因爲這些資料並沒有說明部分農業勞動的邊際生產率是不是零。

近幾十年來，在某些國家裡農業勞動力減少的同時，農業生產增加了，這一事實顯然也不能檢驗這一理論，因爲這些發展的基礎是現代化與追加的資本。在第一次世界大戰期間，農業生產沒有什麼變化，也不能對這一理論作出令人滿意的檢驗，因爲這類戰爭會對經濟帶來其他嚴重干擾。⑪

有些地方對追加的非農業勞動的需求突然增大，而且工人離開附近的農場，假如變化發生得如此迅速，以至於來不及用追加的資本來代替抽走的農業勞動，那麼就可以用來檢驗這一學說。這種情況無疑是很多的，但很難得到可靠的資料。觀察者得到有關這種情況的「報告」可能是眞實的，但這些報告缺乏公開發表的統計數字那樣的魅力。我曾在別的地方描述過兩個這種情況。⑫秘魯從阿丹斯（Andes）的東坡到廷格馬亞（Tingo Maria）修建了

---

⑪ P. N. 羅森斯坦—羅丹：《農業中的隱性失業和就業不足》，載《農業經濟學與統計學每月公報》，第六期（羅馬，一九五七年七—八月），第五—六頁。他說，第二次世界大戰期間在德國占領下的波蘭有五分之一的農業勞動力被抽走後，農業產量並沒有減少。希望他能說出此說法所依據的資料來源。但是，即使情況是這樣，也並不能驗證這一理論，因爲是戰爭把強制和災難性破壞強加在波蘭頭上的。

⑫ 舒爾茨：《政府在促進經濟成長中的作用》，載《社會科學的現狀》，倫納德·D. 懷特（Leonard D.

一條公路，爲了修建這條公路，從附近的農戶（大部分是在能步行的範圍內）抽來了一些勞動力；據報告，農業生產隨即下降了。在巴西的貝爾霍日中特（Bel Horizonte），城市建設的發展也從附近農村中吸收了一些工人，報告指出，結果農業生產也下降了。

饑荒及其所引起的死亡似乎可以提供必要的檢驗。但結果是很難弄清農業勞動力中這種饑荒對生產的影響，因爲這些影響與饑荒使活下來的人身體衰弱的影響混淆在一起了。然而，一九一八—一九一九年的流行性感冒，使我們可以檢驗窮國部分農業勞動力的邊際產量爲零這一假說。這次傳染病是突然發生的，在幾週內死亡人數達到了頂點，隨後死亡人數迅速下降。這場病沒有在倖存者的體質上造成長期衰弱的後果。至少在印度和墨西哥這兩個國家裡，一九一八—一九一九年的傳染病奪走了許多人的生命；這兩個國家主要都由貧窮的農業社會所組成，它們受到沉重的打擊。所得到的關於墨西哥情況的這類資料有力表明，人口數量顯然減少了，結果農業生產也下降了。然而，人們往往由於資料很簡單及當時還正在進行土地改革而對此並不相信。但是，在印度並沒有進行使事情複雜化的這種改革。

White）編（芝加哥，芝加哥大學出版社，一九五六年），第三七五頁。

根據印度一九一八—一九一九年流行性感冒後的情況所作的檢驗

印度在一九一八—一九一九年農村人口的嚴重損失後維持了自己的農業生產嗎？如果是這樣，那就與部分農業勞動力過剩的假說相一致。所得到的資料雖然在某些方面是不完整的，但看來仍然可以對這問題作出決定性的回答。

應該記住下列相關的情況。在此前一年，即一九一七—一九一八年的收成是英屬印度（現在的印度和巴基斯坦）多年來最好的一年。因此，當流行性感冒發生時，按印度的標準看食物是充足的，因爲收成很好。流行性感冒對牲畜沒有影響，所以除了工人的數量外並沒有減少任何一種生產要素。這就是說，土地、灌溉設施和役畜並沒有受到損害。受到傳染的人沒有長期患病，而且倖存者很快恢復了健康。因此，倖存者並沒有處於長期體弱狀態，這一點不同於一次饑荒所產生的後果。⑬

根據金斯利．大衛斯（Kingsley Davis）卓越的研究，一九一八—一九一九年的流行性

---

⑬ 芝加哥大學醫學院的菲力浦．米勒（Phillip Miller）博士向我指出了一些有關的醫學文獻，並分析了疾病發生的正常過程，本人對此深表謝意。

感冒大約使印度的兩千萬人喪生，⑭相當於一九一八年人口的百分之六左右。⑮有勞動能力的農業勞動力的死亡率實際上高於整個人口的死亡率。⑯在印度國內，西部和北部地區的死

---

⑭ 大衛斯：《印度和巴基斯坦的人口》（普林斯頓，普林斯頓大學出版社，一九五一年）。大衛斯估計死於流行性感冒的有一千八百五十萬人。對這一方法所作的核對表明，這種估算偏低了。在附錄 B 中，他同意這一看法：令人滿意的估算應該是死亡了兩千萬人。

⑮ 大衛斯認爲，一九一八年的人口是三點二三億。因此，死亡率是這個數字的百分之六點二。

⑯ S. P. 詹姆斯（S. P. James）：《關於一九一八—一九一九年流行性感冒傳播的報告》，載《公共衛生與醫學問題報告》，第四號報告（英國衛生部，一九二〇年），第二編，第二章。詹姆斯說（在第三八四頁），在疾病最嚴重的一九一八年九—十二月，印度農村的死亡率「大大超過了城鎮」。與其他人比起來，二十歲到四十五歲的人中死於流行性感冒的數量多。大衛斯研究中的表九說明了，一九一八年兒童的死亡率比一九一七年高百分之三十，而全部人口的死亡率比印度正常死亡率增加了兩倍多。對美國部分地區一九一八—一九一九年流行性感冒的一份研究表明，在二十歲到五十歲的人中，死亡人數也比較多，而且在窮人，特別是在美國的印第安人中，每千人的死亡人數是一些大城市的四倍。參看愛德溫·O. 喬丹（Edwin O. Jordan）：《流行性感冒》（芝加哥，美國醫學協會，一九二七年），以及顯然有詹姆斯的貢獻的報告第一部分。

亡率比東部地區高。⑰在東部某些地區，流行性感冒的死亡率似乎是百分之二左右，而流行性感冒最嚴重的地區，死亡率是百分之十五以上。

因爲印度的農業易受天氣（降雨量）變化的影響，所以把一九一六—一九一七年度作爲基年，而不是把一九一七—一九一八年度作爲基年；如前所述，一九一七—一九一八年是特大豐收的一年。另一方面，一九一六—一九一七年也是一個好年景，整體而言與流行性感冒後的第一個整年（一九一九—一九二〇年）的情況大體相當。在這兩年期間，降雨量都比印度的正常情況稍好一些。英屬印度的官方農業統計主要集中在種植穀物的土地面積上，而不是集中在產量上。穀物播種面積，包括雙季作物在內（按面積的兩倍計算），是農業生產的最好代表。但是，還應該注意到，相對於土地而言，這裡人口是多的，並且許多土地都是精耕細作，可以預料的是，播種的土地面積對勞動力減少的反應，小於總產量對勞動力減少的反應。⑱因此，如果說由流行性感冒所引起的勞動力死亡，使播種土地面積減少，那麼，這

---

⑰ 詹姆斯：《關於一九一八—一九一九年流行性感冒傳播的報告》，第三八四頁。

⑱ 播種的土地面積的反應小於總產量，是根據這一假設：由於勞動力的減少，不僅一年收穫兩次的土地面積減少了，而且因爲勞動的價值增加，某些土地成爲邊際以下的土地而被閒置。此外，播種穀物的土地也不像以前那樣精耕細作，這就使播種土地面積的產量減少。對播種土地面積減少的另一種解釋是，勞動力以這樣的方式損耗，以致在一九一九—一九二〇年要對剩下的勞動力作出有效的重新配置是不可能的。適用於這種解

比農業生產的同比例減少是個更爲決定性的檢驗。

在分析資料之前，解釋這種關係時記住如下兩個不同的假設是有益的：⑴假定邊際生產率爲零的那部分農業勞動力，至少和死去的農業工人的數量同樣多，則死亡人數對農業生產沒有影響；⑵印度農業生產中勞動的係數大約是〇點四，產量對勞動的彈性也是這樣，即如果其他投入品都不變，勞動減少百分之十會使農業產量減少百分之四。⑲

由於一九一八－一九一九年的傳染病，印度的農業勞動力大約減少了百分之八。⑳在傳染病流行的那年，穀物播種面積急劇減少，即從一九一六－一九一七年的二點六五億英畝降至一九一八－一九一九年的二點二八億英畝。但是，這種減少與因某種壞天氣和數百人患病，而不能在這一年度的部分時間工作所引起的減少混在一起了。由已經指出的原因，

⑲某些關於更近一些年份的印度部分地區的農業抽樣調查，爲這假設提供了基礎。

解釋的極端假設是，在某些農村所有能工作的人都死了，而在另一些（遠處的）農村沒有死於流行性感冒的人，要對剩下的勞動力作出重新配置需要許多年。但是，據我所知，並沒有什麼言之成理的根據能支持這種解釋。

⑳由已經指出的原因，整個英屬印度的百分之六點二的死亡率（大衛斯：《印度和巴基斯坦的人口》，附錄B）中大部分是二十歲到四十五歲農村地區的農業勞動力。假設農業勞動力的死亡率超過一般死亡率的三分之一，這裡得出的死亡率是百分之八點三。

一九一九－一九二〇年是適用於這種分析的一年。一九一九－一九二〇年的播種面積比基年一九一六－一九一七年減少了一千萬英畝，或者說是減少了百分之三點八。一般說來，印度流行性感冒死亡率最高的各邦，穀物播種面積下降比例也最大。很難在這些資料中找到支持在流行性感冒時印度農業中的部分勞動力邊際生產率爲零的假說。

如前所述，近年來的少數抽樣調查表明，印度農業生產中勞動的係數大約是〇點四。以這種估算可能具有一般適用性爲假設作基礎的假說，出乎意料的得到表一和表二中所載資料的有力支持。就整個英屬印度而言，這預示著農業生產減少百分之三點三，而所觀察到的播種土地面積減少了百分之三點八。印度東部各邦死於一九一八－一九一九年流行性感冒的人數比較少，而播種面積的減少相對也少。在緬甸，成長仍繼續著。在死亡率非常高的西部和北部各邦，播種面積相應地減少得也多。㉑

爲了確定統計意義，一種直接的方法㉒是根據資料來估算勞動係數，並檢驗這一係數等於〇點四的假說。按這種方法得出如下估算：

㉑ 在觀察到的播種土地面積的減少與預計到的不一致的各邦中，孟買邦是最例外的。原因非常清楚，即孟買邦一九一九－一九二〇年的降雨量大大超出了正常情況。

㉒ 這種方法是戴爾．喬根森提出來的。有趣的是要注意到所估算出的勞動係數（〇點三四九）實際上與《關於要素比例的說明》中表三所反映的旁遮普邦的情況相同。

表一　印度和印度主要各邦穀物播種土地面積的變動以及所觀察到的和預計的一九一八～一九一九年流行性感冒對農業生產的影響

各邦與全印度	穀物播種土地面積（百萬英畝[a]）		觀察到的和預計的變化（一九一六～一九一七年=100）	
	一九一六～一九一七年	一九一九～一九二〇年	觀察到的	預計的[b]
(1)	(2)	(3)	(4)	(5)
中央邦與比拉爾邦	27.9	25.9	93.0	91.7
孟買邦	28.3	27.7	97.9	93.1
旁遮普邦	31.7	29.1	91.8	94.3
西北邊疆邦	2.87	2.67	93.0	94.5
聯合邦	46.6	43.5	93.4	94.6
比哈爾邦—奧里薩邦	31.8	31.9	100.5	97.4
阿薩姆邦	6.4	6.2	96.4	97.7
馬德拉斯邦	39.0	38.2	97.8	97.9
緬甸邦	15.2	15.8	104.0	98.3
孟加拉邦	29.2	28.8	98.6	98.9
全部英屬印度	265.0	255.0	96.2	96.7

薩爾馬·馬拉姆巴里（Sarma Mallampally）協助核對了基本資料和表一與表二中的計算。他發現，J. T. 馬頓（J. T. Marten）的估算（參見表二，註a）比我所引用的S. P. 詹姆斯在《關於一九一八～一九一九年流行性感冒傳播的報告》中的估算好，當然整體說來，這兩組估算是一致的。

a.印度統計局：《印度農業統計》，第三十七期，一九二〇～一九二一年，第一卷（加爾各答，印度政府出版部，一九二二年）。

b.所根據的假說是，農業生產中勞動係數爲〇點四。參看表二第四行。

表二　死於一九一八～一九一九年流行性感冒的人數，以及預計的與所觀察到的對印度和印度主要各邦農業生產的影響

各邦與全印度	死亡人數分布情況（每百人中）[a]	經過調整的死亡人數分布（每百人中）[b]	預計的農業生產的減少（百分比）[d]	觀察到的穀物播種土地面積的減少（百分比）[e]
(1)	(2)	(3)	(4)	(5)
中央邦與比拉爾邦	6.64	15.60	8.32	7.00
孟買邦	5.49	12.90	6.88	2.10
旁遮普邦	4.54	10.67	5.69	8.20
西北邊疆邦	4.36	10.25	5.47	7.00
聯合邦	4.34	10.20	5.44	6.60
比哈爾邦—奧里薩邦	2.05	4.82	2.57	+0.50
阿薩姆邦	1.86	4.37	2.33	3.60
馬德拉斯邦	1.67	3.92	2.09	2.20
緬甸邦	1.39	3.27	1.74	+4.00
孟加拉邦	0.85	2.00	1.07	1.40
全部英屬印度	2.64	6.20[c]	3.30	3.80

a.印度，《印度人口調查》，一九二一年，第一卷，第一部分，J. T. 馬頓的報告，第十三頁，也可參看詹姆斯的《報告》，第三八四頁。

b.金斯利．大衛斯：《印度和巴基斯坦的人口》，（普林斯頓，普林斯頓大學出版社，一九五一年）。附錄 B 中把總死亡人數確定爲兩千萬。把第二行的數字乘以二點三五，使得調查資料符合大衛斯的估算。

c.根據大衛斯的估算，即總人口爲三點二二億，死亡人數爲兩千萬。第二行中的二點六四是一個絕對數，即 6.20÷2.35。

d.農業勞動力的死亡率比總人口的死亡率高。美國衛生部的各種研究表明，十歲到五十九歲的男人的死亡人數比總人口的死亡人數多三分之一。對印度的計算同這種估算是一致的。因此，把第三行擴大三分之一，然後乘以農業生產中的勞動係數○點四。該係數爲本書所提出的第二個假說的基礎。

e.根據表一的第四行。

勞動係數 = 0.349

勞動係數的標準誤 = 0.076

因此，如果運用的是以兩倍的標準誤爲基礎的信賴區間，則勞動的係數爲 0.349±0.152，由於這一區間包括了 0.4，所以勞動係數爲 0.4 的假說是可以接受的。

結論是：貧窮社會中部分農業勞動力的邊際生產率爲零的學說，是一種錯誤的學說。它有一些值得懷疑的根源，它依靠了一些不可靠的理論前提。當透過分析一九一八－一九一九年印度的流行性感冒所引起的農業勞動力死亡，對農業生產的影響，來進行嚴格的驗證時，這學說沒有獲得任何支持。

第五章　收入流價格理論的含義

第二章提出的傳統農業概念是一種特殊類型的經濟均衡狀態。引起這種類型均衡狀態的關鍵條件如下：⑴技術狀況保持不變；⑵持有並獲得收入來源的偏好和動機狀況保持不變；以及⑶這兩種狀況保持不變的持續時間，足以使持有和獲得作爲收入來源的農業要素的邊際偏好和動機，與作爲一種對持久收入流投資的這些來源的邊際生產率，達到一種均衡狀態。本章的目的是介紹一種確定這些收入流（income streams）的價格的方法，並檢視其對來自傳統農業的經濟成長的含義。

在第三章中，當檢視傳統農業的現期生產中配置，包括人的因素在內的現有農業要素存量的效率時，撇開投資過程是合適的。在那時抽掉投資對結果只有很小的影響，因爲即使按正常標準來看，相對於收入而言純資本形成是大的，年復一年再生產性要素的總存量也只能增加很少。但是，在研究經濟成長時，無論這種成長是來自農業還是其他經濟部門，投資都必然是分析的核心。

在考慮投資行爲時，區分各種農業要素中邊際報酬率不相等所引起的投資，和一般報酬率水準差異所引起的投資是有益的。各種農業要素邊際報酬率的不相等，是多大的成長來源呢？據說在貧窮社會中，相對於對農業建築物、設備、肥料、牲畜、種子和存貨的投資而言，對土地和某些珍貴的小玩意的投資要多得多。但是，當僅限於對傳統生產要素投資時，作爲第三章基礎的分析，卻對這種說法所依據的看法的正確性，產生了嚴重懷疑。上述要素配置效率的含義之一是，一般說來，在傳統農業使用的各種生產要素中，投資的報酬率沒有什麼明顯的不相等。

假定傳統農業中所使用的全部生產要素的邊際報酬率大致相等，那麼，報酬率的水準是多少呢？

分析的任務正是要解釋，爲什麼傳統農業純投資的報酬率是低的，或者甚至不存在純投資。一般認爲，有許多像《一個便士的資本主義》中所描述的貧窮農業社會，在這些社會中幾乎一直沒有什麼再生產性物質資本的純形成。但是，對這種投資行爲所提出的解釋遠遠不能令人滿意。這些解釋主要根據的看法是：儘管缺乏資本，但貧窮社會的人民一般說來儲蓄傾向都低；或者說，這些社會缺少對投資機會敏感的企業家；或者是不能把儲蓄和投資結合在一起，以便提供資本來利用現有的投資機會。所有這些解釋都依靠這樣的假設：這種投資的報酬率一般是高的。

但是，如果對傳統農業投資的報酬率低，那麼，實際就應注意報酬率問題。在這種情況下，含義應該是，由於對儲蓄和投資的刺激微弱，純投資就很小，甚至會停止。這樣，所觀察到的投資行爲就有其直接的、可接受的經濟原因。低報酬率爲儲蓄和收入的低比率，爲幾乎沒有什麼外國資本進入傳統農業，以及爲低純資本形成率提供了一個合乎邏輯的基礎。本章的目的之一是，爲傳統農業生產要素投資的低報酬率提供一個理論基礎。

成長模型忽視了的內容

在相當一段時間內，有關經濟成長的文獻充滿了特定的宏觀成長模型（macro-growth models），這些模型一直抽掉生產要素相對價格的變化，以及與這些要素價格相關的投資有利性的變化。①因此，這些特定模型不是用來考慮投資報酬率水準的差別，對投資刺激或成長的影響的。然而，很顯然，按投資報酬率來衡量，一個經濟的不同部門之間、各國與各時期之間的成長機會，都是非常不同的。但是，這些特定宏觀成長模型忽視了這種關鍵變數。

這種忽略有幾個明顯的原因。新生產要素的有利性被掩蓋在「技術變化」的名下（第九章將要論述這一問題）。最有關的原因是沒有區分傳統生產要素與現代生產要素，沒有考慮到在採用這不同要素並使經濟適應於這些要素時，它們之間在收益方面的差別。雖然人們早就關心每家戶收入水準對收入中用於儲蓄的比例的影響，但並沒有相應的關心新收入流相對價格的差別對儲蓄和投資的影響。

---

① 參看 F. A. 盧茲和 D. C. 黑格編的：《資本論》，國際經濟協會會議紀錄（倫敦，麥克米倫公司，一九六一年），第一章。還可參看 E. 倫德伯格：《投資的有利性》，載《經濟學雜誌》，第六十九卷（一九五九年十二月）。

理論框架

經濟成長的含義意味著所得的增加。國民所得核算中所反映出來的經濟成長是以可衡量的（國民）所得爲基礎的②。來自農業部門的這種成長意味著農業所能形成的收入的增加。收入是一個流量概念，它由每單位時間既定數量的收入流所組成，例如，每年的收入流爲一美元。因此，收入流數量的增加就等於經濟成長。這樣，百分之三的成長率就意味著收入流的數量每年增加百分之三。

爲了得到收入流，重要的是獲得收入流的來源。這些來源是有價值的，在這種意義上每一種收入流都有一個價格。觀察經濟成長的有用方法，是確定各種不同的收入流來源，並確定增加每種相應的來源的價格。這樣，中心經濟問題就是要解釋由什麼決定這些收入流的價格。按這種方法，運用需求和供給的概念是重要的。

集中分析收入流並在確定其價格時，運用需求和供給的概念有許多優點。它避免了把資

② 當然，與經濟成長相關的福利的增進並不包括在「可衡量的國民所得」之中。人們每年工作時間的減少或業餘時間的增加，不能用可衡量的國民所得來計算；更好的全面教育和健康的增進，也都不能用可衡量的國民所得來計算。

本加總並把資本作爲存量時，固有的嚴重的概念性和邏輯性困難。它也避免了在衡量資本存量時，用利率把租金或資本收益資本化所繞的彎。它使人們可以處理一般不進行買賣的收入流來源。勞動力所獲得的技能是收入的重要來源。在一個所有的人都是自由人（沒有奴隸）的社會裡，沒有交換這種人力資本的市場。然而人們對自己進行投資才會產生這些生產方法。還有另一些實際上建立在同一基礎上的重要收入流來源。一般說來，也沒有買賣試驗站和其他科學研究機構、農業推廣站以及學校的市場；雖然可以設想這些機構是營利企業，但也有一些不能這樣做的充分的經濟原因（以後將詳細論述）。還有另一些優點產生於區分收入流的需求者和供給者的邏輯基礎，以及這種區分在理解經濟成長中每種收入流的基本作用方面的解釋性價值。

爲了簡單起見，可以抽掉暫時性（transitory）收入部分並限於分析持久（permanent）收入流。③持久收入流的價格是什麼呢？假定有個市場，那就可以像價格決定中的其他任何問題那樣來研究這個問題。④因此，這些收入流價格的確定是相應的需求者和供給者的行爲

---

③ 密爾頓·弗里德曼：《消費函數理論》（普林斯頓，普林斯頓大學出版社，一九五七年），特別可以參看第二章與第三章。

④ 這裡提出的方法嚴格遵循了弗里德曼在《價格理論》（芝加哥，阿爾定版，一九六二年）第十三章中所提出來的方法。

的結果。需求者是資本的所有者，他們購買收入流來源以便從中獲得收入；供給者是企業或其他個人，他們爲了出售而生產持久收入流的來源。可以按常規畫出一條需求曲線和一條供給曲線，其交點就是價格。

首先，假定有個社會，在這個社會中沒有能再生產出來的持久收入流來源。再假定，「就按生產適量產品的適當比例，來生產生產性勞務的意義上說」，⑤這種社會處於一種均衡狀態。在這樣的假設之下，持久收入流的供給，即每年得到的美元數量是固定的。在這種情況下，當根據一般的需求和供給圖形畫曲線時，供給曲線是條垂直線。設想一下，如果這些持久收入流的價格，低於與需求者獲得和持有持久收入流來源的偏好和動機相一致的價格，那會出現什麼情況。這時幾乎沒有什麼人願意出賣，相反的有許多人願意購買。這結果意味著，許多人願意放棄一些現期消費以購買持久收入流來源。但是，因爲供給是固定的，除非另一些人準備出賣，否則有一些人無法獲得更多的持久收入流來源。所以，在這些假設之下，所發生的情況就是持久收入流的價格將要上升。隨著這種價格的上升，將達到市場處於均衡狀態時的價格，即在這價格時，這社會中再沒有人願意出賣或獲得追加的收入來源。這種類型的調整過程將使價格上升到它的均衡水準，但是，**這種調整過程不能引起任何**

⑤ 弗里德曼：《價格理論》，第二四六頁。

經濟成長，因爲所假定的是垂直的供給曲線。

現在假定持久收入流的供給曲線是正相關斜線，並假定它一直不移動。在這種情況下，調整是在需求者方面，需求者從低於長期均衡交點的價格出發一直進行調整，直到像以前一樣達到均衡價格。當達到這種均衡價格時，在需求者的基本偏好和動機不變的條件下，它與垂直供給曲線時的價格同樣（高）。這兩種情況之中唯一的實際差別是，由於持久收入流價格的上升，會產生某種經濟成長。

現在假定需求者獲得與持有持久收入流來源的偏好和動機狀況一直保持不變。在這假設之下，持久收入流的長期需求曲線的斜率是什麼呢？因爲這分析所根據的資本概念是全面的，包括了人力資本和非人力資本，所以，「沒有什麼理由可以認爲持久收入流的需求曲線的斜率是負數而不是正數。」⑥最看似合理的推測是，在這種假設之下，持久收入流的需求

⑥ 弗里德曼的推理如下：在這種類型的社會裡，「因爲所有財富都資本化了，所以收入（Y）必定等於 rW，這裡 r 是利率，W 是財富。持久收入流來源的價格1/r，是財富與收入之比。現期財富與收入的這一比率是一個沒有絕對單位（除了時間範圍）的「純粹」的數。爲什麼所需要的這一比率的數值取決於分子和分母的絕對水準呢？實際上，除了同其他財富或收入**相對比**而外，應根據什麼比較的標準來判斷財富的水準是「大」還是「小」呢？或者說除了和其他收入或財富**相對比**外，應根據什麼比較的標準來判斷收入的水準是「大」還是「小」呢？但是，如果一個社會不管收入水準如何，想要維持財富與收入的固定比例，這就意味

曲線是一條水平線。

在持久收入流的長期均衡需求曲線是一條水平線的假設之下，如果由於生產持久收入流來源的企業家，發現了比以前更廉價的生產這些來源的方法，而使供給曲線向下移動，那麼，收入流的價格會怎樣呢？研究價格決定問題的一種方法是，假定供給曲線的移動是微小的，而且是逐漸發生的，以至於需求者一直在保持其原先價格水準的情況下足以購買增加的收入流。這種方法意味著，對供給曲線微小而逐漸的移動所作出的調整，是水平的需求曲線略微向右變動。另一種方法是假定持久收入流供給曲線向下移動得一直很大而迅速，以至於這些收入流的價格下降並引起短期失衡。在這種假設之下，價格對這些收入流的需求有影響，而且基本上會是條斜率為負的短期需求曲線。可以根據它的價格彈性對沿著這條線的調整作出部分需求分析。

那麼，需求者將如何作出調整呢？這兩種方法中的第二種方法意味著，持久收入流的需求者會作出兩種調整：一種以短期需求曲線的價格彈性為基礎，另一種以回到與需求者長期均衡的偏好和動機相一致的水平需求曲線為基礎。假定短期需求曲線的價格彈性是單位彈性（-1.0）。在這種情況下，如果供給的下移使價格減少百分之五而形成新交點，那麼需求者

著持久收入流的需求曲線是一個水平曲線。」參看《價格理論》，第二四七—二四八頁。

就會增加百分之五的購買。此外，在恢復到長期均衡狀態的過程中，需求者受到他們所獲得和持有的持久收入流來源的偏好和動機的壓力，一直在逐漸哄抬價格。

這種確定持久收入流價格的方法，有助於釐清在解釋受傳統農業束縛的農民的經濟行爲時所產生的許多問題。每當收入流的價格變得如此之高，以至於供給曲線和需求曲線的交點是沿著長期均衡的水平需求曲線時，（純）投資就會是零。在這種情況下，缺乏純儲蓄和純投資就不能歸咎於缺乏節約、農民中缺少企業家才能或者資本市場的不完全性，而應歸咎於可得到的收入流來源的高價格。這樣，關鍵問題顯然就是要確定，爲什麼傳統農業中持久收入流的供給如此昂貴。

當持久收入流來源的供給者能廉價的生產這些來源時，就爲成長所必需的儲蓄和投資安排了一個台階，在這種意義上說，這些收入流來源的供給者掌握了經濟成長的關鍵。因此，對成長的研究應該集中在「他們能更廉價的生產這些來源」的含義是什麼，以及在什麼條件下能使這一點成爲可能。根據上述分析，這意味著所供給的追加收入來源的價格，要等於或低於長期均衡價格。要使價格在幾十年內一直低於長期均衡價格，供給就必須以足以抵消需求者均衡力量的按十年計的速度一直向下移動。

現在簡單的把這種方法用來說明兩種類型的成長情況是有益的。

非成長類型

我們已經指出了這種類型的基本特徵。簡單的說，就是供給者不能廉價的生產收入流的來源，以保證誘使需求者去購買任何一種新的（追加的）來源。價格是高的，而且按通常的標準看，投資的報酬率是低的。可能有某些舊的收入流來源在進行買賣，但是，這個社會一直沒有獲得新來源。社會的收入是所有收入來源產量的總和。用經濟學家們常用的語言來概括，社會的收入等於 rC，在這裡 r 是報酬率，而 C 是全面的資本存量（一個龐雜的概念）。r 的倒數 1/r 是收入流來源的價格，而且它也是資本與收入的比率。可以把這一比率作為一個除了時間範圍外，什麼絕對單位也沒有的「純粹」數。

為了方便起見，假定在一個非成長類型的社會裡，一美元持久收入流來源的價格是二十五美元。按這一假說，r 就是○點○四（百分之四的比率），而（所有）資本與收入的比率將是二十五比一。

成長類型

看來所有非成長類型的社會都可能有某些共同的、特定的基本經濟特徵，但這種情況顯然並不適用於所有實現了經濟成長的社會。某些社會可能是在長期的靜態均衡以後開始成長；某些社會可能是在一場戰爭嚴重摧毀了一些可以被迅速替代的要素後，表現出異乎尋常的高速成長。某些社會可能處於將近長期大幅度成長的尾聲，並可能接近於長期靜態均衡。現在我們要撇開所有這些社會以便集中研究一種特殊類型的成長。有些社會（國家），在長期內每十年都達到了大幅度成長。而且，每十年的年成長率一直沒有下降，也沒有明顯提高，這是一種成長類型。根據上述分析，在這種成長類型中，供給者一直在尋求更廉價的生產追加的收入來源的方法。因此，供給曲線以這種速度向下移動，以致供給曲線和需求曲線相交時的價格，始終處於相對低的水準。供給者可按這一標準來抵消需求者的抗衡力量，如果供給一直沒有按這一速度向下移動，這種抗衡力量就會提高價格。

在這裡，指出某些可能與這種類型成長有關的數字是有益的。假定得到每年一美元持久收入流來源的價格爲十美元。在這種經濟條件下，假定儲蓄是持久收入的百分之十。這意味著，就儲蓄對收入、資本對收入，更重要的是價格對所購買的追加收入來源的量而言，都處於一種動態成長「均衡」狀態，這種狀態的關鍵是，供給者能以較低的價格，生產出追加的收入來源。

第六章　傳統農業收入流的價格

《一個便士的資本主義》中的農民以缺乏再生產性資本而著稱。這樣又產生了一個難題：既然這種資本的存量很少因而十分缺少增加農業生產的資本，爲什麼長時期很少增加現有資本的存量呢？爲什麼純資本形成率如此低呢？如果資本確實是稀缺的話，那麼推論就應該是：資本報酬率是高的，而且對儲蓄和投資的吸引力很強。但是，還沒有什麼證據能支持這一推論。現有的證據完全與此相反。反過來，這似乎就意味著在這些社會裡資本並不稀缺。在同一時間裡，資本能夠既稀缺又豐富，既昂貴又廉價嗎？在儲蓄和投資方面隱含的行爲實際上是個難題。

收入流價格較高的假說

爲了解釋所研究的行爲，提出下列假說：

在傳統農業中，來自農業生產的收入流來源的價格是比較高的。

在前一章中已經提出了這個假說的理論基礎。這裡的目的是要探討許多反對這一假說的看法，檢視兩個社會能爲這一問題提供線索的資料，並得出某些主要含義。另一個目的是要說明這一假說，爲與貧窮社會的儲蓄和投資相關的各種經驗行爲，爲使許多研究者困惑的行爲提供了統一的解釋。

這種假設的另一個表述形式，是說傳統農業中資本的報酬率低下。雖然有時在接著進行解釋時，把投資的低報酬率，作爲每單位時間收入流來源的高價格的同義語，有時是很方便的，但「價格」假說不僅表現出分析的優越性，而且如前所述，還避免了某些混亂和循環推論。簡單來說，它避免了在把利率作爲投資報酬率時所產生的混亂，避免了在根據利率把來源的收入流資本化，來決定資本存量時所引起的循環推論（circularity）。

貧窮社會中來自農業的收入的傳統再生產來源，包括灌溉渠道和水壩、役畜和食用畜、簡單的設備和手工工具，以及貯藏穀物的建築物。所獲得的傳統技能雖然作爲一種資本形式並不能買賣，但也是收入的一種來源。因此，爲了提高自己的技能，人們就向自己進行投資。根據上述假說，當追加的持久收入流來源的需求者被局限於傳統農業生產要素時，相對於表現爲實際收入的邊際產量而言，這些要素的價格是高昂的。

這一假說在分析上所冒的風險絕不是微不足道的。假定這假說與這些貧窮社會中有關的、所觀察到的行爲相符合，那麼這就意味著，根據對傳統要素投資的報酬率高，這一觀點所寫的全部著作都是不正確的。正確的分析會以低報酬率爲根據。因此，十分清楚，當對這假說進行檢驗時，正確與否就事關重大。

反對這一假說的觀點

在論述某些實證證據前，透過簡要的評論幾種明顯反對這一假說的觀點，來釐清一些特殊問題是有益的。貧窮農業社會中的貸款人（money lenders）一般都收取高利率，這可能意味著，根據貨幣市場的檢驗，對傳統生產要素投資的報酬率也是高的。有一種觀點認為，貧窮農業社會中再生產性資本少是顯而易見的。因此，從報酬率看這種資本必定是稀缺而昂貴的。還有另一種觀點，它所根據的是資本從西歐向許多類似這裡所涉及的那些貧窮社會的大規模歷史性移動。資本的這些轉移一般是由於投資報酬率的差別所引起的。因此，這種觀點認為，相對於歐洲國家內現有的投資報酬率而言，貧窮社會的報酬率必定是高的。

雖然，在這些環境下想收多少利息與實收多少可以有很大差別，我們將暫且不討論貸款人得到的純報酬率的實際問題。而且，假定按正常標準看純報酬率非常高，但這些貸款主要被用於改善某些特殊家庭的消費流，而這些家庭不是作為持久收入流來源的再生產性物質資本和土地的需求者。再假定這些貸款也沒有用於人力資本投資。消費貸款市場是一種不同於這裡所討論的持久收入流貸款市場的市場。此外，即使有某些貸款會用於農業生產，其中有些貸款也會承擔很大的使用資金的風險。這樣，就可以預料，貸款人收取的利息必將是高的。

有一種看法認為，某些社會之所以貧窮是因為自己所擁有的資本非常少，這樣，資本的報酬率必定高，這種看法純屬常人之見。長期以來人們所接受的經濟思想的信條是：貧窮社會的報酬率總是高的，因為與勞動和土地比起來，再生產性物質資本的供給總是被認為不足的。說這種看法不一定正確，就可能表示這裡存在著矛盾。如果是這樣的話，這個矛盾是可以解決的。就經濟的邏輯而言，如果一個社會積累了幾十年資本，而且在它積累到一段時間後就不積累了，那麼，即使只積累了少量再生產性資本存量，把低報酬率與積累的停止聯繫起來也是合乎邏輯的。但是，正如以後幾章的註釋列舉的資料所表明，這種再生產性資本的存量有時非常大。我們所提出的假說的主要宗旨是，所觀察到的投資報酬率是低的，因此要接受與此相反的普通看法就是非常錯誤的。由於這一假說中所包含的原因，可以解決這個顯而易見的矛盾。

上述最後一種反對意見，看來是三種反對意見中最有說服力的。如果從更高報酬率的地方所得到的利潤並不比國內高，西歐國家爲什麼在第一次世界大戰前的幾十年裡，還對我們所討論的那種貧窮社會進行了大量投資呢？在回答這一問題時，羅列資本向其他方向流動的例外情況是無用的。

那些接受了貧窮農業社會中再生產性物質資本報酬率高這一信條的經濟學家，沒有認識到某些資本由窮國流向富國的特殊環境。瓜地馬拉富有的咖啡種植者常常把他們的儲蓄投資於美國，其他窮國的公民也這樣做過。其中有些人將他們從穀物、牛肉、羊毛、木材、石油以及其他礦產中所獲取的利潤，投資於海外的富國，而不是投資於本國。可以根據與風險和不確定性以及與貯藏財富傾向相關的特殊環境，對這些明顯的例外作出解釋。有一點當然是屬實的，即：在某些窮國從事這種資本轉移的公民和其他人，也許是面臨著巨大的政治不穩定性。政治不穩定性所帶來的風險和不確定性，可能大得足以抵消對當地投資明顯的高報酬率而有餘。有一種解釋認爲，在富國裡透過積累和持有存款基金而貯藏財產是出於偏好，這種解釋很難成立，因爲這種貯藏看來是對付不確定性過程的一部分；在這些情況下，它不是一種孤立的或附加的因素。

但是，暫且不考慮某些例外情況，總還有一些人堅持這樣的看法：這些窮國投資的報酬率通常是高的，因爲相對於可以得到的勞動和自然資源賦予來說，顯然存在著再生產性資本供給不足的問題。此外，還因爲必然有一種刺激誘使大量資本流向這些地區。在檢驗本書所提出的假說時，有充分的理由不接受對事實的這種解釋。首先，考慮一下再生產性資本的相對數量問題。在以可灌溉的農業爲基礎的印度塞納普爾村，這種資本的存量是非常大的，例如，在一千英畝這樣少的土地上就有四百八十頭役畜公牛。按常用的生產率來衡量，在種植大田作物時，公牛是一種比土地還重要的要素。在以下的註釋中檢視貧窮農業社會的要素份額（factor shares）時將要說明，在可灌溉的農業占優勢的地方，這種資本（勞務）其實是一種主要的生產投入。

反駁上述看法最有力的理由，是早期西歐對許多貧窮社會的資本輸出，並沒有用來增加已存在的原有形式的傳統生產要素。從國外輸入的資本沒有用於增加公牛的數量、手工挖掘的灌溉井、臨近地邊的簡易引水溝，沒有用於生產或購買簡單手工工具和塞納普爾人使用的那種設備。這些資本被用來購買新式資本，即運輸設備、工廠、某些動力設備和通訊設備。其中某些資本用來建立種植用於出口的特殊作物的種植園，這些作物是用完全不同於以傳統農業爲特徵的方法生產出來的。此外，資本輸入者也不會把新建築物、設備、各種出口作物交給缺乏經驗的人去管理、操作和種植。在輸入資本的同時，那些能勝任這些重要任務的關鍵人員也由國外同時引入。換言之，既引進了新形式的物質資本，也根據新技術的要求引進了新形式的人力資本。這與僅僅成倍增加傳統形式的資本和舊技術是兩回事。**分析農業中投資機會的基礎，正是資本新舊形式之間的這種差別。**

很難得到精確詳細的資料，以便嚴格的檢驗這裡所提出的假說。貧窮的人們沒有保留用於這一目的所需要的那種紀錄。毫無疑問，在對貧窮社會的農業經濟所作出的許多研究中，有某些零星片斷資料。然而，對這些研究作系統的檢視，希望從中能發現某些有用的資料，這已超出了本書研究的範圍。但我們要檢視能爲這一假說提供線索的兩種研究。這兩種研究以前在確定貧窮社會中農業所達到的要素配置的效率時已經利用過。應該記得，這兩種研究都是作爲人類學的調查而進行的。

瓜地馬拉的帕那加撤爾

一個便士的資本主義並沒有保留資本帳目。這裡的人民不能記錄折舊和損耗率的精確情況，不能記錄反映純資本形成的估算以及資本的收益。這裡所使用的是鋤頭、斧頭和砍刀。但是，這裡沒有用於生產木器和磚瓦的專門工具。「在任何一個印第安人的工具箱裡，有沒有一把螺絲刀」都值得懷疑。「沒有鐵匠。不用犁；也不用車輪（沒有一戶印第安家庭有馬車、獨輪車或類似的東西——甚至連滑輪也沒有）。」①用河水灌溉農田的溝渠網路是手工挖掘的，這些溝渠簡單而實用。

在一九三六年，增加十二把鋤頭、兩條溝渠、少量家禽，幾包額外的種子，或幾袋用咖啡葉子製成的肥料，能使生產增加多少呢？如果使用了適於河谷地區土壤條件的混合型現代化肥，所增加的產量必將是很大的。但是，在所用的咖啡葉子和其他投入技術特徵不變的情況下，對任何一種要素的支出的報酬率是否高就很值得懷疑了。

對屬於印第安人的財產存量，塔克斯作了如下

土地，包括咖啡和水果樹及灌溉水渠	20,417 美元
家畜	803 美元
工具	680 美元
小計	21,900 美元
房屋（328 間）	3,870 美元
家具和生活用品	2,335 美元
衣服的價值	3,500 美元
小計	9,705 美元
總計	31,605 美元

① 索爾·塔克斯：《一個便士的資本主義》，史密森研究院，社會人類學研究所的《公報》第十六期（華盛頓，美國政府出版局，一九五三年），第二十七頁。

詳細的分類：

雖然所有家畜的價值僅八百〇三美元，從這來源得到的收入微薄：一千二百六十美元——小於飼料、鹽和照料家畜的勞動的費用。如果從這些賬目中減去「貓和狗」（其中的二百五十九美元），仍有少量利潤可作爲折舊和投資的收益。②此外，塔克斯觀察到，沒有理由對家畜進行更多的投資；他舉出飼養小雞與養肥幾口豬是糟糕的生意。③在種植穀物（這裡主要的生意）中，大約有一千四百美元用於種子和肥料（咖啡葉子），有二百一十六美元用於工具。但是，沒有跡象可以認爲，依靠擴大這些形式資本的量，除了低報酬率外，還會有什麼別的收穫。

雖然咖啡地沒有出租，但關於咖啡生產的成本和收益的資料證明了咖啡地的總收益約爲百分之八點八。④因爲某些土地是租來的，所以在對土地投資的價值和總地租的關係中包含

---

② 塔克斯：《一個便士的資本主義》，表四十，第一一八頁。

③ 在塔克斯非常有能力的提出的總體經濟範圍內，認爲養雞和養豬比其他行業的生產率低是沒有道理的。如果肥豬、雞蛋和家禽的價格下降了，適應這種變低的產品價格有一個時間遞延，那麼塔克斯所看到的情況就有其充分的理由，但是，相對價格似乎並沒有發生這種變化。

④ 塔克斯所提供的有關資料是：每英畝產量爲五六二磅，按平均每百磅價格四點五美元出售（第一一五頁），則生產了二十五點二九美元，減去勞動和物質成本九點八六美元，剩下十五點四三美元，每英畝土地的價值

了瞭解報酬率的線索。這個社會的印第安人在一九三六年所耕種的土地中，有百分之十五的山坡地和三角洲地是從別人那裡租來的。山坡地按每英畝八美元左右出售，所知道的總收益是百分之九點八。⑤關於三角洲地地租與收穫量的資料不允許肯定的把這種土地的總收益估算爲每英畝一百五十美元。⑥

還有另一條線索：這個小部門的國民生產毛額（GNP）的縮影，也提供了要素成本的

爲一百七十五美元（第八十四頁），因此總收益爲百分之八點八。這裡有三十九點四英畝咖啡地，沒有一英畝用於出租。這個社會擁有的總土地面積大約是二百五十五英畝。

⑤ 這裡有一百一十一點五英畝山坡地。雖然塔克斯把每英畝的地租確定爲一點四一美元，但根據其著作的表十四中的現金地租資料，按規模和現金地租的支付對每個細類進行加權計算。這樣計算的結果是每英畝現金地租爲一點二六美元。塔克斯估算這種土地的價值是每英畝八美元，因爲在六年休耕後是十種穀物輪作，所以平均地租是每年每英畝七十九美分，或者說總報酬率是百分之九點八。

⑥ 根據塔克斯在表十四中所報告的對用現金租的幾塊三角洲菜地的加權計算，平均總地租是每英畝二十七點九零美元。這裡主要的困難是確立調整大部分用於種植玉米的三角洲土地的基礎，這種土地的地租非常少。可惜表十四中沒有反映出用現金租種的三角洲玉米地。此外，在把這些地租分配到整個輪作週期時，輪作的形式也非常複雜。

份額。⑦屬於這個社會印第安人所有的全部土地，可以得到的管理、利潤和總地租的份額是一千七百七十美元。即使這全部歸於地租，土地的總報酬率也只是百分之八點七。⑧

那麼，土地的純收益是什麼呢？總收益包括了多種難以確定和衡量的成本。不動產稅是很少的。但是，政府要求每個成年人每六個月爲修建公路無償勞動一週。還有一些每年用於清理主要灌溉渠道和洪水後修復大壩的社會成本。還可以列舉出其他廣泛的社會服務，這些服務的成本也可以根據土地來確定。⑨比這些更常見的是私人灌溉網和用於生產的建築物的折舊。這裡有過了旺盛期的老咖啡樹（三十九英畝）和二千六百九十株果樹。山坡地容易受到某些侵蝕，而且輪休和使某些土地閒置的習慣作法，也是保持土壤的成本。在一個便士的資本主義中管理必定也有某些價值。對土地總報酬率的三種估算是在百分之八點七—百分之九點九，看來土地的純報酬率是百分之四或者不足百分之四。即使是這樣，還是免不了風險和不確定性。因此，土地是按高地租率而被利用的。換一種說法，在帕那加撒爾，要由土地

---

⑦ 塔克斯的書，表三十七與表三十八，第一一六頁。

⑧ 塔克斯認爲一九三六年農產品的價值是二萬六千二百七十八美元（表三十八）。表三十八中所反映出的成本是二萬四千一百三十一美元，加上所支付的地租三百八十美元，則爲二萬四千五百一十一美元。其餘的一千七百六十七美元是管理所賺到的利潤和土地地租。土地的價值爲二萬〇四百一十七美元（第八十四頁）。

⑨ 塔克斯的書，表十六，第八十六頁。

得到一美元的收入流是昂貴的，約需二十五美元的成本，無疑還要承擔相當大的風險和不確定性，因而在一定程度上，這還不是「持久」收入流。

印度的塞納普爾

塞納普爾有大量物質資本存量，在這方面，它與帕那加撤爾非常不同。但是，這兩個社會呈現出一種共同的基本經濟特徵，即對農業生產中通常使用的各種形式資本投資的報酬率低。在塞納普爾，役畜——公牛——是主要的生產要素；強壯的大牲畜是從遙遠的、專門生產這些牲畜的社會購買來的。在這些牲畜活的時間較短而所需的飼料很多的意義上說，它們是昂貴的生產投入。許多年來，很多投資是用於灌溉。灌溉設施不僅包括溝渠，而且還包括被稱爲「水箱」（tanks）的淺水庫和昂貴的水井，這些設施需要折舊及大量的維修工作。總之，再生產性物質資本是塞納普爾農業生產中的主要要素之一。

霍珀所提供的資料[10]及其對生產活動的計算，完全符合對任何一種傳統生產要素所追加的投資的報酬率低下這一假說。土地市場價值的收益約百分之三。

---

⑩ 霍珀：《中印度北部農村的經濟組織》（未發表的博士論文，康奈爾，一九五七年）。

一九五四年塞納普爾這種資本的存量大致如下：

	單位：千盧比
耕種的土地	2,323
未耕種的土地	274
水井	266
水箱	76
公牛	74
工具	9
總計	3,002

霍珀把土地分為不同的類型，並估算各類土地每英畝的價值與現金地租。由於前不久頒布的土地改革法，土地價格與地租之間的關係是複雜的。確定土地價格時用的是十九塊土地轉讓時的售賣價格。在確定地租率時用了包括一百一十四英畝的五十一塊土地以現金出租時的紀錄。相對於土地價格而言，現金地租是非常低的。下面的估算說明報酬率不到百分之一。⑪

⑪ 得出基本估算的表：

土地種類[a]	英畝數[a]	每英畝土地價值（盧比）[a]	每英畝土地地租的範圍（盧比）[b]	平均每英畝的地租（盧比）[b]	所有者收益的百分比（%）
卡契亞那	1.4	3,200			
科爾	75.1	3,000	14-38	20	0.67
帕羅I	362.1	2,750	12-31	16	0.58
帕羅II	279.7	2,360	8-30	13	0.55
帕羅III	58.0	1,710	6-24	9	0.53
瑢亞日I	32.9	2,200			
瑢亞日II	194.3	1,830	6-28	9	0.49

但是，現金地租並不是全部地租，因為還有一些隱藏的支付，其中包括當「地主需要勞務時，租種者應隨時滿足這種需要」這樣的協定。⑫在對塞納普爾農民要素配置的效率進行決定性檢驗時，霍珀發現，土地的邊際產量約等於現行土地價格的百分之三。⑬

土地種類[a]	英畝數[a]	每英畝土地價值（盧比）[a]	每英畝土地地租的範圍（盧比）[b]	平均每英畝的地租（盧比）[b]	所有者收益的百分比（%）
瑢亞日III	166.9	1,100	3-14	7	0.63
總計	1,170.4				

a.霍珀的書，第九十二頁，表七。

b.同上書，第九十四頁，表八。在第二五五頁的表四十中，在一九五四年共有一百一十四英畝以現金租出的土地，總地租是一千四百盧比，或者說，每英畝的地租是十二點三盧比。

⑫ 霍珀的書，第九十三頁。

⑬ 霍珀：《印度傳統農業中的配置效率》，載《農業經濟學雜誌》（即將出版）。耕作方式是雙季收成，六年中土地閒置一季，三年收五次。估算「三年裡每年暗含的土地的邊際產量」平均為「七十二點六二盧比，或者說是每「標準」英畝土地的價格二千三百六十盧比的百分之三左右」。

結論性的含義

首先考慮營利的私人資本投資。本書所提出的假說可以解釋，爲什麼只有很少外國資本投資於傳統農業要素。甚至在殖民主義的保護下，外國資本也沒有感到這種投資有吸引力。不能把發展種植園的投資作爲一種例外，因爲種植園引入了大量非傳統的生產要素。這個假說還可以解釋爲什麼每年或每十年，只有很少國內資本投資於增加這些貧窮社會中，傳統使用的再生產性農業要素的現有存量。對用於這一目的儲蓄的引誘力是非常微弱的。

其次考慮增加農業生產的公共投資的結果。這個假說也可以解釋，僅限於對傳統農業要素進行政府投資的微不足道的成果。另一方面，還解釋了許多國家透過對非傳統要素的政府投資，例如，對農業科學研究機構和農業推廣站的政府投資，爲什麼會獲得優異的成果。

這一假說與經濟成長相關的最重要含義是：在傳統農業中，社會所依靠的生產要素是昂貴的經濟成長來源。

對要素份額的說明

對低收入農業社會的要素份額問題存在著兩種錯誤的觀點。一種是認為再生產性物質資本的存量總是比較少的，因此，即使報酬率高，這些資本所生產的總收入的份額也是少的；另一種錯誤觀點認為土地的地租始終是較大的份額之一。而實際傳統農業中再生產性資本的存量總是多的，這就令人迷惑不解。但是，土地的地租很少，在某些情況下甚至是零，這並不奇怪。這種說明的目的是要表明在評價傳統農業的生產要素時，由建築物、役畜等所代表的物質資本量往往被低估，而作為一種自然賦予的土地有時被高估了。

首先來看地租，一般說來，它在窮國的收入中比在富國的收入中所占的份額大。關於地租方面，有兩種有用的經濟命題：(1)按通常衡量農田的方法，它所產生的地租在某些低收入國家的收入中占百分之二十五，而在一個高收入國家的收入中還不到百分之一；[14] (2)隨著經

⑭ 菲利斯·迪恩（Phyllis Deane）：《衡量英國長期經濟成長的早期國民收入估算的含義》，載《經濟發展與文化變化》，第四期（一九五五年十一月），在表一中檢視英格蘭和威爾斯一六八八年的社會統計時，確定了（全國）個人收入為四千八百六十萬英鎊，地租為一千三百萬英鎊，住房和家庭不動產租金為二百五十萬英鎊，剩下的一千一百五十萬英鎊為其他租金，占總收入支付中的百分之二十三點七。美國一九五五—

濟成長人均收入的提高，相對於其他收入來源而言，農田的地租一般是在下降。⑮

但是，有兩個原因可以說明，這些實證的規律與某些低收入農業社會作爲自然賦予的土地的地租，在總要素收入中所占份額很小這一事實並不矛盾。第一個理由是依據用於農業的土地的生產率非常低下這種情況，它可能是不產生任何地租的土地。在這些條件下，無論是李嘉圖的地租論所依靠的邏輯，還是所觀察到的這種土地的地租，都不支持相對於總要素收入而言，地租占的比例總是很大的這一觀點。

對於在無地租的土地上放牧牲畜的遊牧民族（nomads）來說，土地收入的份額當然是零。對這種遊牧部落，可以看到下述要素份額。

	百分比
土地	0
牲畜和勞動	100
總計	100

土地往往被高估的另一個原因產生於這個事實：在許多社會裡，地租大部分是包含在這種土地中的資本收益。重要的是要區分原來的自然賦予與包含在這種自然賦予中的資本。在許多歷史悠久的社會裡，好幾代人一

一九五七年屬於農田的收入是純國民生產的百分之○點六。參見作者的論文：《土地與經濟成長》，載《現代土地政策》（奧巴納，伊利諾伊大學爲土地經濟學研究所出版，伊利諾伊大學，一九六○年），第二十七頁。

⑮ 近幾十年來，這一比例在美國和其他主要高收入國家正在迅速下降。

直在平整土地以便可以灌溉、挖井以便得到水、挖渠以便分配水，以及挖排水溝以便清除土壤中的鹽等方面進行投資。這些設施有折舊而且還要維修。因此，在一個人們密集居住在可灌溉的非常肥沃的三角洲地帶的農業社會裡，土地的地租可能是所有要素收入中相當大的部分，這是因爲地租中包括了具有高生產率的土地的收益，以及已作爲這種土地組成部分的大量資本的收益。

其次再來分析屬於再生產性物質資本的要素的收入份額，如前所述，它在某些低收入的農業社會裡可能是相當大的份額。在瓜地馬拉的帕那加撒爾，儘管有許多灌溉設施，但收入中的很大份額歸於勞動。在塔克斯的《一個便士的資本主義》中，瓜地馬拉的印第安人形成了一個經濟制度，在這個經濟中一九三六年的要素份額大致如下：

	百分比
勞動	84
土地	10
種子、工具等	6
總計	100

但是，有種廣爲流傳的觀點認爲，所有貧窮農業社會，例如所有的印度社會，都使用較少的再生產性資本，這種觀點完全與事實不符。我們驚訝的發現，即使不計算包含在土地中的資本，在某些情況下這種資本也是比土地和勞動都要多的生產要素。對旁遮普邦可灌溉農業的生產投入所作的估算表明，在所有投入中，屬於再生產性資本的有百分之四十一（見表三）。如果土地的生產價值的一半是再生產性資本，那麼它就是百分之五十三左右。在這種情況下，公牛與工具是主要的要素。

表三中對美國與旁遮普邦農業生產投入所作的比較說明，勞動分別占百分之三十三和百分之三十四，而旁遮普邦從公牛得到的動力與工具大於美國的動力與機器。在把美國百分之三十六的土地歸於農業建築，把旁遮普邦百分之五十的土地歸於灌溉建築而對農田進行調查後，⑯

表三　美國農業與印度旁遮普邦可灌溉農業的生產投入

投入	所占的百分比	
	美國（一九四九年）	旁遮普邦（一九四七～一九四八年）
勞動	33	34
土地（未按建築調整）	19	25
動力和機器	26	30（公牛和工具）
種子、飼料和牲畜	13	5（只有種子）
肥料	2	4（糞肥）
其他	7	2（水費）
	100	100

資料來源：對美國的估算是根據茲維．格里利切斯的研究：《可衡量的生產力成長來源：一九四〇～一九六〇年美國農業》，載《政治經濟學雜誌》，第七十一期（一九六三年八月），表二，第三三六頁。對印度旁遮普邦的估算取自 N. A. 漢所引用的一九四五～一九四六年到一九四七～一九四八年東旁遮普邦的農業統計，《開發中經濟的成長問題》（孟買，亞洲出版社，一九六一年）。格里利切斯教授用交叉總生產函數的方法得出了美國農業一九四九年所占的比例。旁遮普邦的比例是根據「支出」計算的。地租包括所支付的地租、耕種者所有的土地的轉嫁地租和土地稅。

⑯ 對農業建築的調整根據格里利切斯在上述表三中的研究；對旁遮普邦作的調整是一種嚴格的判斷。

正如以下估算所表明的，在這兩個國家裡三種常用要素實際上是占有同樣的相對地位。

本章的第一個結論是，在某些貧窮農業社會中，土地的地租是總要素成本的一小部分。雖然在考慮幾種要素對農業生產的貢獻時地租所占的很少，甚至爲零的可能性有時被忽略了，但這一結論與經濟理論完全一致。第二個結論是，在許多貧窮農業社會中，再生產性物質資本作爲一種生產要素是比較多的。這一結論要使經濟學行家接受已非易事，如果要使外行人認識到在某些貧窮社會中儘管再生產性資本的報酬率低，但這種資本的要素份額大，那就更難了。如果報酬率總是高的，那麼存量可以少而份額相對大；但是，如果報酬率是低的，就像許多貧窮農業社會的現實情況那樣，那麼，按照傳統經濟學的那種觀點，即貧窮農業社會再生產性資本存量少，事情就的確難於理解了。

	美國農業（百分比）	旁遮普邦的可灌溉農業（百分比）
勞動	33	34
土地（調整後）	12	13
非人力再生產性資本	55	53
總計	100	100

第七章　投資有利性問題的引言

可以把農業改造成一個比較廉價的經濟成長來源。以下幾章的目的正是要闡明這種改造需要什麼，用什麼方式來完成這個改造。有一種依仗政權的命令方式，這種政權不僅要重新組織農業生產，而且要指揮農業活動。此外，還有一種主要以經濟刺激爲基礎的市場方式，這種刺激指導農民作出生產決策，並根據農民配置要素的效率而進行獎勵，當然這種方式仍然需要特定的政府投資和國家活動。命令的方式導致建立大規模的集體和國家農場，並導致形成一種負有作出基本生產決策責任的國家權力。這種國家權力決定生產什麼，既規定農產品的種類，也規定生產多少。所用的重要投入是配給的，而且產品被迫交給國家。

市場方式並不是簡單意味著把所有的投資都交給市場。如果市場方式爲了增加可供農民使用的資本量，而僅僅局限於減少資本市場的不完全性的方法和措施，那麼，它就不會成功。改善農民獲得這種資本的條件的餘地是存在的，但這些改善並不能實現所要達到的改造。農民每年爲這目的所需要的追加資本量一般並不多，而且一旦提供了有利的新農業要素，他們很容易從內部儲蓄獲得所需要的大部分資本。但是，最重要的是投資於農民使用時有利可圖的新農業要素的供給。提高這種要素的需求者的能力也需要投資。而且，這兩種投資都要求有相當的政府支出，和對服務於農業部門的某些政府活動的組織。

這兩種方式之間的基本差別，並不是集中作出重大決策的命令體制，排除了對農業的追加投資；或者由相對價格把消費、投資與生產決策結合在一起的市場方式，排除了國家對所有農業生產問題的干涉。前捷克斯洛伐克的情況清楚的說明，在命令的方式下，拖拉機、聯合收割機、脫粒機和肥料的數量可以大幅度增加。①另一方面，例如墨西哥的情況，除了一般用於道路、運輸和灌溉設施的政府支出外，市場方式也需要有政府的農業研究試驗站以及提高農民能力的政府活動。但是，這兩種方式之間在效率方面的差別是很大的，我們將在以後詳細檢視這種差別的原因。在採取市場方式時，耕作中**不在所有**（absentee）的生產決策與**居住所有**（resident）的生產決策之間的效率差別就變得突出了，因此必須考慮，私人居住所有的決策是兩種耕作方式中更有效的一種，是這一推論的經濟基礎。

進行這種改造所需要的特殊新生產要素，現在是裝在被稱爲「技術變化」的大盒子裡。必須從這個盒子裡取出這些要素，對它們進行分類，並找到使得受傳統農業束縛的農民能獲得並接受的方法。一旦做到了這一點，很明顯，這些特殊生產要素的供給者和作爲這些要素需求者的農民，便成了活躍的中心人物。本章所要論述的是如何作出適當安排的問題。

這種安排是以經濟機會的差別爲基礎的。這是已有的獲得農產品（食物、紡織品、皮

---

① 亞歷山大·伯尼茨（Alexander Bernitz）：《捷克斯洛伐克農業概覽》，美國農業部，經濟概況報告，國外部分，第三十五期（一九六二年九月），表十四與表十五。還可參看格瑞格爾·拉扎西克（Gregor Lazarcik）：《一九三四—一九三八年和一九四六—一九六〇年影響捷克斯洛伐克農業的生產和生產率的因素》，載《農業經濟學雜誌》，第四十五期（一九六三年二月），第二〇五—二一八頁。

革）的方法與由於較廉價而勝出的新方法之間，年代久遠的差別。許多世紀以來，人們在耕作中使用的知識一直在進步，因此，曾有過許多次的農業改造。人工種植的穀物、根莖和果實代替了野生品種。長期被認爲是最好的作物曾多次被更多產的品種所代替。在種植棉花，尤其是在種植玉米方面，許多年前就透過雜交而實現了巨大的改進。家畜取代野獸作爲肉和皮革的來源，而其中某些野獸被選出來並培育成役畜。在某些地區灌溉代替了在乾旱土地上的耕作，穀物輪作制和肥料的使用被證明是有益的。這樣，人們一次又一次的透過採取並學會使用新生產要素而改造了傳統農業。

最近幾十年來在許多國家裡，農業生產的增加顯然是巨大的；這些增加表明了農民對新經濟機會的反應。一般說來，這些機會既不是來自可以定居的新開發的農用土地，也不是主要來自農產品相對價格的上升。這些機會主要來自更多產的農業要素。

在本書研究的開頭，曾列舉出最近許多國家農業生產的成長率。**事後**來看，這些國家大概都經歷了有利的機會。例如，丹麥從一八七〇年左右開始的生產增加預示了成長機會，特別是農業部門成長機會的有利轉變。一九〇〇年前後，特別是第二次世界大戰以來，日本農業的成績表明了這種成長機會是有利的。最近幾十年來，墨西哥不僅達到了一般的高速發展，而且農業生產的成長率看來超過了整個經濟的成長率。前蘇聯的農業生產也有了大幅度成長。還有另一個成長的例子是一九五〇年代的以色列農業部門。除前蘇聯外，這些國家都在繼續向前發展。結論可以是：除前蘇聯外，這些國家都保持了有利的農業機會。

還是根據事後來看，一九三〇年代後，阿根廷、智利和烏拉圭的成長機會應該作爲一種不利的轉變。最近中國的情況可以解釋爲最不利的轉變，因爲農業生產下降的幅度非常大。同時，兩個典型的貧窮農業社會——瓜地馬拉的帕那加撒爾和印度的塞納普爾——幾乎沒有什麼成長機會。帕那加撒爾一直是古老的社會，因爲實際上沒有出現什麼打破現有的非成長環境的情況。而塞納普爾開始感受到某些刺激，這些刺激代表了新的、微小的成長機會。

如同在商品期貨交易買賣的場所看到的那樣，全世界農業生產要素的不同供給者群體與需求者群體，在價格問題上爭執不休。在這個場所的後面靠近進口的地方有一處標誌著「傳統農業」的月臺。臺上的人群是最安靜的、交易很少、要素的價格相對於他們的收入是高的。站在場地中心和前面的是代表著現代農業的群體，這裡很活躍，但現行價格是低的，特別是與傳統農業月臺上的一般價格相比時更是如此。還有許多其他多少在積極活動的供給者和需求者群體，不同群體之間的價格差距是大的，但沒有一種價格像傳統農業中的價格那樣高。

雖然就各月臺上的供給者和需求者群體的現行價格而言，它們處於均衡狀態，但在不同的月臺之間卻存在著巨大的失衡。耕作技術還沒有現代化的最貧窮國家的農業經濟成長機會，是這種嚴重失衡的原因。全面的改造將意味著，有關農業生產要素的收益達到一種世界性的均衡狀態。這種改造的實現還意味著農業生產率的革命，因爲現在大部分農業遠遠沒有實現現代化。

在所考慮的經濟失衡的特徵中，隱含了對農業成長機會的分類。這裡的目的是要對國家或社會的農業部門進行分類，以便說明農業處於什麼狀態。以前非常簡單的二分法，只包括成長和非成長兩種類型。在那個階段上用二分法在分析上雖然是有用的，但局限性太大，不能處理所觀察到的廣泛的實證現象。當然，如果能發現一種把這些類別歸結爲簡單的二分法的基本特徵，那就可以滿足人們對省事和簡潔的偏好。但是，這是不能實現的願望。

如前面提到的，這裡提出了一種三分法。其中前兩種完全是同質的，但第三類由許多小類所組成。

1. **傳統型的**

在整個農業部門，技術狀態與持有和獲得作爲收入流來源的農業要素的偏好和動機狀態，長期基本保持不變——這一時期之長，足以使農業要素的供給者和需求者，在多年前就達到了特殊的長期均衡狀態——所有這種農業部門都屬於這一類。這種類型的基本經濟特徵是來自農業生產的持久收入流來源的價格高昂。帕那加撒爾是這個類型的典型。

2. **現代型的**

屬於這種類型的農業的基本特徵如下：農民使用現代農業生產要素，而且任何一種新生產要素只要是有利的，它的出現與被採用之間的時間遞延是很短的。爲了向這種類型農業中的農民供應追加的新的、有利的生產要素，國家的研究機構有責任去發現並發展這些新農業要素。要做到這一點，這種國家必須投資於能爲促進農業生產的知識及其應用作出貢獻的活動。此外，一般說來，在這種國家裡，持有和獲得持久收入流來源的偏好和動機，與這種來源的供給價格並沒有達到長期均衡狀態。雖然因爲這種類型的農業中對農產品的需求增加比較緩慢，所以它的農業生產的成長率一般不如我們所劃分的第三種類型，即過渡型農業的許多國家高，但收入流來源的價格一般是低廉的。

3. 過渡型的

在已說明的前兩種類型之間，存在著大量的經濟失衡狀態。這種失衡狀態的基本根源是，農業要素的價格與其農業生產率價值相比是非常不平等的。這意味著，所考慮的失衡狀態，一般並不是產生於兩種類型農業之間，農產品價格的不平等。假如傳統農業和現代農業不屬於命令體系，那麼這種失衡狀態的主要根源也不是這兩種農業組織農業生產方式的差別。任何一個農業獲得了一種以上有利的非傳統生產要素的國家或社會，都屬於這種過渡類型。按農業所達到的階段和已經準備好並可以採用的有利的新農業要素的數量來看，這是一個包括廣泛的農業部門的大類型。

這樣就可以看到農業生產要素的供給者和生產者進行買賣的三種狀態。還可以看出，它們各自特有的交易方式並不重要。重要的是，遲早要使三種狀態成爲一種單獨的統一市場，即有關的再生產性農業要素市場的經濟力量。只有透過投資，才能有效地利用這些力量。

在分析這一討論的中心問題之前，考慮幾個與農業經濟組織有關的未解決的問題是有益的。這些問題與農場的規模、國家對經濟決策的控制，以及指導並鼓勵農民有效耕作的刺激有關。從擴大農場規模中能得到很多好處嗎？在發展有效配置資源的現代農業部門中，國家的經濟職能是什麼呢？傳統農業中的農民對正常的經濟誘因是幾乎沒有什麼反應呢？還是作出了反常的反應？在涉及農業的經濟組織時，這些全是些棘手的問題。在這些問題上不僅難以獲得有關的事實，而且還存在著大量源於政治教條的混亂。下一章正要論述這些問題。

第八章　農場規模、控制和刺激

農場規模問題，在關於應如何組織農業生產的理論爭論中是非常引人注目的。這種爭論中總會有妨礙經濟討論的隱藏的政治目的。一旦把這種政治目的釐清並把它與生產農產品的經濟學區分開來，就說明了基本經濟問題主要是實證的（empirical）問題。

本書研究的結果，對農場規模在農業現代化中所產生的作用提出了一種新的看法。首先，考慮傳統農業，就其是一種昂貴的經濟成長來源，這一很深含意上而言是微不足道的。在研究傳統農業的經濟特徵時，很明顯，小農場或大農場並不是基本特徵。其次，再來考慮可以透過投資把傳統農業改造成一個高生產率的部門，並使它成爲一種廉價的經濟成長來源。例如，在這裡顯而易見的是在改造傳統農業中，至關重要的投資類型並不取決於大農場的建立。由於這種改造，農場的規模會發生變化——它們或者變得更大，或者變得更小——但是，規模的變化並不是這種現代化過程中產生的經濟成長來源。

人們固執的堅持「適度」農場的觀念，這就使得要不冒引起誤解的風險而去檢視這個問題是困難的。求助於「規模收益」（returns to scale）的概念一般是無用的，因爲改造傳統農業總需要引入一種以上的新農業要素，所以在這種改造所引起的過程中，關鍵問題不是規模，而是要素的均衡性。

現實世界表明，農場規模大小，存在各式各樣的差別。小農場和土地被分成碎塊（fragmentation）往往同時並存；大農場與非熟練農民總是結合在一起。因此，土地改革在一種情況下是針對土地分散問題，在另一種情況下又是針對受壓迫的、無知的、陷入大地產控制的農民問題。但是，用什麼來檢驗這些農場效率低是由於規模問題造成的呢？

在許多國家的工業中心及其附近有一些業餘農戶。在前蘇聯的大型國營與集體農場內部，有幾百萬擁有小塊土地的農戶。有使用許多大型拖拉機的農場，也有更多使用一部小型拖拉機的農戶。農場規模問題並不局限在面積十分重要的種植穀物的土地和牧場。在飼養家禽和製造乳製品方面也產生了這個問題。建立規模巨大的農場，是有效的生產農產品的方法嗎？

作出生產決策的個人與機構的所在地，是決定農業生產效率的重要因素。這裡考慮的所在地，取決於農場規模和決策，是在不在所有控制之下，還是在居住所有控制之下作出的。一種方法是把生產決策的控制與農業要素的所有制聯繫起來，這種所有制可能是私有制，也可能是公有制。私人的控制顯然既可能屬於不在所有制，也可能屬於居住所有制。但是，無論對生產決策的控制，是屬於居住在農場的個人，還是屬於脫離了農場經營的個人，無論農場是大還是小，關鍵問題是這各個組成部分與作出生產決策所根據的經濟資訊狀況，以及與對作出有效決策的經濟刺激和獎勵狀況的關係。

這些是本章所要檢視的主要問題。但是，只說對這些問題還缺乏明確的認識是遠遠不夠的。這裡存在著某些實際難題，顯然還有許多混亂，而且也存在著許多教條（dogma）。經濟理論和實證研究對解決這些難題和減少由此產生的混亂，可以作出許多貢獻。它們也希望消除根深蒂固的政治教條。

對某些與這些問題相關的比較重要的教條和學說作出評價是有用的。雖然美國的農業改造快速的走在前面，但這裡仍有一種有力的教條觀點。對這種觀點的評論可以提出對其他學說的某些看法。在美國有一種長期受到重視的信念，即農業是經濟中的基礎部門，農民所具有的社會價值優於城市一般居民，而且家庭農場是農業中的「自然的」經濟單位。①這些是**農業基本教義**的特殊表現。與此不同，近幾十年來在某些窮國有一種完全不同的學說受到擁護。這種觀點認爲，工業始終是實現經濟成長的基礎部門，農民不僅受傳統的束縛而且天生就比非農業人口落後，大部分農業勞動力的邊際生產率是零。可以把這種學說相應的稱之爲**工業基本教義**。

在許多國家裡把傳統農業改造成高生產率部門的公共計畫之所以失敗，就是由於決定建立大規模農業經營單位的政策。這些決策的背景是政治目的，這種目的得到「規模收益」這個特殊信念的支持，而這種信念長期以來一直是馬克思思想的一個組成部分。馬克思所提出

①勞瑞·索思（Lauren Soth）：《農場的難題》（普林斯頓，普林斯頓大學出版社，一九五七年），第二章「習俗」；約瑟夫·阿克曼（Joseph Ackerman）和馬歇爾·哈里斯（Marshall Harris）編的《家庭農場政策》（芝加哥，芝加哥大學出版社，一九四七年）。古老的南部平均地權論（agrarianism）是另一種典型；參看威廉·H. 尼科爾斯（William H. Nicholls）：《南部的傳統和地區性進步》（查珀爾希爾，北卡羅來納大學出版社，一九六九年）。

的農業生產概念特別偏重於支持大農場。這個概念的基本信念，是相信大生產單位的優越性和必要性，②認爲大農場可以比中小農場以更少的實際成本生產農產品。實際上這就意味著，在農業中生產單位越大效率越高。這就是**大農場**（gigantic farms）學說。

與農業生產相關的政策和計畫，還嚴重的受到另一種學說的束縛。這種學說最原始的形式，它假設農民對正常的經濟刺激要麼不會作出反應，要麼作出反常的反應。根據這種學說可以而且頒布了各種各樣的價格和收入政策。如果確實是農民對價格沒有反應，那麼，一個國家在發展工業時，爲什麼不能壓低農產品價格，以便降低糧食的成本呢？當然可以強制農民交出農產品，而結果卻是極大的損害了有效進行農業生產所需要的經濟刺激。但是，對這一學說可以作出另一種曲解。當一國的農業生產在某種高昂的固定價格支持之下，一直超過對農產品的需求時，這種學說就宣稱，任何價格支持的下降都無濟於事；它只會使情況變得更糟，因爲據說農民的反應是生產得更多。從政治權宜的觀點看，這是很適用的學說。在某些高收入國家裡，它被有效的用於維持某種農產品的高價格；在某些低收入國家裡，它被用於完全相反的情況，即用於壓低農產品的價格，結果很糟。當一種或幾種要素價格被認爲不是社會所需要的，而是被認爲在管理經濟中不能服務於經濟目的時，這對資源配置就有極大

② 米特拉尼：《馬克思與農民》（特勒姆，北卡羅來納大學出版社，一九五一年），第二章。

的影響。例如，在土地所有權屬於國家的所有地方，農田的地租就可能受到壓抑。在這種情況下，這種地租學說就嚴重的損害了有效配置農田（包括附屬於土地的建築物、灌溉設施和其他建築）的計畫和控制機構的能力。

即使研究者沒有被捲入這種學說，他也將發現很難使自己的研究擺脫這種令人困惑的表面經驗現象。重要的任務是要認識基本組成部分並研究它們之間的聯繫。與農場規模相關聯的有：專業化、控制生產決策的所在地、作出決策所根據的資訊狀態、對傳統農業進行改造的速度，以及指導並獎勵農產品的生產者的刺激中固有的風險和不確定性。

專業化

1. 有組織的研究

認爲農場的規模取決於它從事現代農業研究的能力是荒謬的。讓每個農場都生產其所需要的拖拉機、聯合收割機和其他機械，也許比讓它從事研究要好一些。即使任何一個國家主要種植玉米地區的所有農戶都聯合成一個農場，在這樣大的農場中建立一個一流的研究中心是否有利也很值得懷疑。顯然，無論農場有多大，這是超出農場能力的專業化問題。一些種植園進行了某種研究，某些大地主（landowners）也有這種意圖，但他們在自己可以支持和組織的研究活動中遠遠不能達到最佳化。然而，排除非常大的農場可以擁有自己的研究實驗室的可能性是否有些過早呢？毫無疑問，在大農場中有各種應用研究是可能的，但即使是最大的公司也很少對基礎研究作出過什麼貢獻。③

爲什麼農業研究是必需的，爲什麼進行農業研究超出了農場的能力，這是很容易得出結論的。大多數現代農業生產要素是其所形成的國家的生物和其他環境所特有的。當一個依靠傳統農業的國家決定獲得並採用現代要素時，僅僅輸入並使用現成的形式是不夠的。發展與某個國家特定環境相適應的新形式是必需的。爲了做到這一點，必須從已確立的科學理論和原則出發，並在此基礎之上去發展適用的要素，這就需要相當的研究工作。還有另一個關鍵的事實，即從事這種研究的企業並不能占有從其活動中所得到的全部好處；此外，企業還要服從於重要的不可分性，因爲研究工作需要科學家和成本昂貴的專業設備。無論農場的規模有多大，要有效的從事所有必要的農業研究根本是不現實的。如果採取的是這樣的途徑，那就只會有少得可憐的一點研究，而即使已經從事的研究，費用也是十分昂貴的。

但是，窮國經營大農場的地主和農民往往是這種信念的受害者，即如果有什麼值得從事農業研究的話，他們就可以在自己的農場裡出色的進行這種研究。他們不懂作爲農業實驗站

③ D. 漢伯格（D. Hamberg）：《工業研究實驗室裡的發明》，載《政治經濟學雜誌》，第七十一期（一九六三年四月）。

活動基礎的經濟學。因此，人們可以看到，在某些窮國，大農場主反對用於農業研究的政府支出，而小農場主支持這種支出，從而產生利益上的分歧。例如，在烏拉圭，由於這種明顯的利益不一致，南部的小農場主有一個爲其服務的農業實驗站，而其他地區很大的農場則依靠自己的實驗站。④

由國家管理的農業生產中的反常現象之一，是大部分與農業相關的科學和技術的研究效率低下。人們本來預料，在這種類型的組織之下，農業研究的成就應該是傑出的，特別是在其他領域具有科學傳統並取得研究成果的前蘇聯更應該如此。但是，情況完全相反。在把生物學運用到農業生產方面，基礎研究一直是空白。儘管農業研究的職責並不是國營農場和集體農莊的一部分，而且也不會由於缺乏資金而受限制，但根深蒂固的學說偏見，嚴重損害了農業研究這個重要分支。

2. 生產現代的投入

一般說來，一旦作物新品種或牲畜良種爲人所知並可以得到，即使沒有把農場規模作爲

④ 在一九四〇年代初，作者曾有機會考察當時正在發展中的烏拉圭的農業研究。小實驗站研究工作的適用性和能力與被大農場主作爲「遺傳學家」雇用的少數知識貧乏的大學生的適用性和能力之間的對照，如同所預料的那麼大。

發展重點，這些作物新品種或牲畜良種也會成倍的擴大。但是，也有某些重要的例外。例如，專門種植雜交玉米的企業，在生產這種玉米方面比大多數農場效率更高。在飼養某些牲畜和引進良種家禽生產蛋方面也是如此。在某個階段裡，幼豬養殖場與專業化企業一樣有效率。顯然，農場經常生產它們所需的役畜，但並不能生產農業拖拉機。它們也不能生產化肥和農藥。

3.「生產」資訊

如同農業研究的情況一樣，很難想像農場的規模如此之大，以至於它們能有效的建立自己的農業推廣站。在有傳播某些這種資訊的出版物——小冊子、報紙、農業雜誌——和收音機及電視節目的地方，只要農民有文化並能以其他方式理解資訊的含義，那麼無論他們是經營大農場還是小農場，都可以利用這部分資訊。

無論農場的規模多大，也沒有什麼東西可以代替產品與要素價格體系，作爲向農民提供基本經濟資訊的方法。在某些情況下，經營大農場的人可以獲得經營小農場的人所無法獲得的某些專家的經濟諮詢。支持農業期貨價格（forward prices）體制強而有力的理由是，這種體制通過減少小農在沒有專家資訊時，必然會遇到的價格風險和不確定性來提高小農的效率。

不在所有或居住所有的控制和農場規模

雖然其他農業要素也可能是不在農場居住的人的財產，但農業中的不在所有權一般是與土地和附屬於土地的建築物相聯繫的。有許多各種各樣的租佃安排。不在所有者透過公司、合營企業、經理等形式控制自己所擁有的農業要素。一般說來，不在所有的安排效率是低的。

這種低效率的經濟基礎在於：在處理現代農業問題中，農業中的當前經營決策和投資決策，不僅要服從於許多無法按常規處理的（包括空間的、季節的、機械的和生物的細節在內）微小變化，而且還始終需要採用由於應用知識的進步而形成的新的、優越的農業要素。在不在所有的安排之下，由於簡單的原因，即由於不在的一方不能獲得充分的資訊，往往就不能有效的作出處理這些細節，尤其是利用應用知識進步的決策。不在所有者一般也沒有成功的提出必要的刺激並委派決策的負責者。並不是許多農業租佃改革都取得了完全的成功。上述看法包含下列假說：在競爭的條件下，由於農民採用並學會了使用現代農業要素，整個農場的工作由所有者兼經營者所控制的部分越來越大。換句話來說，這意味著，在存在競爭的地方，由不在所有者安排的那部分農場工作，因其固有的低效率而相對減少了。

這種假設與美國的一系列資料是一致的。毫無疑問，農民成功的運用了許多新的、優良的農業要素。在競爭中所有者兼經營者無疑壯大起來了。把用於農業的「人均小時農業產量」作爲現代化過程的標誌是恰當的。在一九一〇年到一九三〇年間，這一標誌增加很少，以一九四七—一九四九年爲一百，這期間的指數只從四十五增加到五十三。但是，從一九三〇年以來，有了以下的發展：

還有一種相關的情況是，在一九二九年到一九六〇年期間，向不在農場居住的人所支付的純農業地租從百分之八下降到百分之六，而

	人均小時農業產量⑤	在所有產業經營者中占的百分比⑥		
	（1947-1949 年 = 100）	所有者兼經營者	租佃者	管理者
1930 年	53	56.7	42.4	0.9
1940 年	67	60.7	38.7	0.6
1950 年	112	72.7	26.8	0.4
1960 年	208	（1959 年）79.0	20.5	0.5

⑤根據《農業生產與效率的變化》，表十九，載《美國農業部統計公報》，第二百三十三期（一九六一年七月）。

⑥根據《一九六一年農業統計》表六百三十三（美國農業部）。所有者兼經營者既包括完全所有者也包括部分所有者。完全與部分所有者所擁有的農田在全部農田中占的比例增加得並不快；據計算，一九三〇年在全部農田中占百分之四九點八，而在一九五九年上升到百分之五五點四。有一種有力的推斷是，農場經營者所擁有的全部生產性資產的百分比要比農田的百分比增加得更多。

以農場抵押貸款（mortgage）形式所支付的利息從全部農業純收入中的百分之七左右下降到百分之四左右。⑦在西歐和英國，雖然進行了農場租佃法的改革，但整體傾向仍然是有利於所有者兼經營者的農業單位。⑧

當然，有一點也是事實：即在有些地方不在所有者是剛退休的農場主，他們由於長期的經驗瞭解其所有的特定農場，並居住在農場所在的地區；或者在有些地方是父子之間的租佃，並且轉移所有權的安排被逐漸實現，這樣，「不在」私人所有制並不一定完全服從於作爲這種所有制形式一般特徵的低效率。但是，撇開這些例外，農場的不在私人所有制是一種低效率的安排。

農業生產要素的國家所有制的不在所有的含義是什麼呢？不在國家所有制與不在私人

⑦ 根據《一九五〇年農業統計》（美國農業部）中的表六百八十六對一九二九年的估算和《一九六一年農業統計》中的表六百九十二對一九六〇年的估算。

⑧ A. K. 凱恩克羅斯（A. K. Cairncross）：《外國與本國資本對經濟發展的貢獻》，載《國際農業事務雜誌》，第三卷（第二期），一九六一年四月，第一〇一頁。還可以參看威廉·H. 尼科爾斯：《一九四〇—一九五〇年巴西聖保羅的工業城市發展與農業》（納什維爾，田納西，一九六二年十二月二十日，油印本）第二二五頁。「在田納西谷地和在聖保羅一樣，更加工業化的地區表現了一種所有者兼經營者更多和租佃者兼經營者更少的適當傾向。」

所有制之間，有一些明顯的相似之處。這種一致之處並不奇怪，因爲國家所有制的本質正是：某些農業的基本決策是在**不在所有**的條件下作出的。由這種來源所產生的低效率，其經濟基礎與不在私人所有制的情況下相同，而且實際上所出現的實證證據也有力的支持了同樣的推論。⑨儘管有這種一致性，但在檢視國家所有制對農業生產的影響時，不區分不同的國家權力結構將是個嚴重的錯誤。顯然，在前蘇聯類型（Soviet-type）的國家中，農田的國家所有制僅僅是國家控制農業生產的整體中的一部分。國家官僚機構還占有其他一切物質生產資料。此外，它有一種對政權的壟斷，其中包括對輿論工具的控制。雖然在前蘇聯類型的國家裡，農業要素國家所有制中固有的不在所有部分的不利影響是眞實而重要的，但它與其他許多更強有力的控制工具混合在一起了。

僞不可分性和農場規模

認爲農場規模必須非常大才能有效率的學說，把拖拉機作爲現代農業要素不可分性的象

---

⑨ 當有些地區同時兼有多種用途，例如放牧育林、治水和提供公園服務時，這一結論會有例外。雖然不在公共所有制和管理中固有的局限性，比在純農業生產的情況下還要實在，但並沒有實證支持這觀點：私有制能成功的解決大的不可分的、土地兼作多種用途的問題。

徵。這種學說認爲，與此相關的拖拉機不僅是一部大型拖拉機，而且是大型拖拉機群。一定要使農業中的其他要素適於使用大型拖拉機群。但是，這樣設想的拖拉機是一種僞不可分性，因爲可以按各種不同規格和型號的訂貨來製造拖拉機，而且在耕作中可以用各種方式把拖拉機組合在一起，這些並不是什麼秘密。當然，一部拖拉機可能會如此之大，以致在一次耕作時它不僅能牽引十二個犁，而且還能牽引一部播種機、一部耙地機及其他附屬設備；例如，在特定條件下播種小麥時便是如此。在另一個極端，一部拖拉機可以如此之小，以至於在作牽引工作時，它僅相當於播種稻米時用的一頭水牛。有一些拖拉機是用履帶爬行，而另一些則用輪子行駛並且特別適用於播種成行的穀物。還有一些拖拉機開動並帶動其所牽引的機器，這些機器大至大型自動穀物聯合收割機，小至小型自動割草機。在相對於其他農業要素的價格而言人力（勞動）便宜的地方，單人（或單個家庭）農場用小型園林拖拉機可能更有效率，在人力比較昂貴的地方，單人農場使用兩部甚至三部不同規格和型號的拖拉機可能更有效率。有效的使用大型拖拉機群要求一些非常特殊的條件，實際上這些條件是很少存在的。

1. 大型拖拉機和許多鋤頭

但是，當僞不可分性成爲組織農業生產的基礎時，它就導致了一種低效率的資源配置。前蘇聯所出現的情況正是這樣，在那裡把大功率機器用到了極致。爲了使農業適應於使用大型拖拉機，前蘇聯迫使農業成爲一種不合理的雙重形式結構，即非常大的國營和集體農場與小塊土地的農戶，這種雙重形式結構是以大型拖拉機與許多鋤頭並存爲基礎的。⑩這兩種類型效率都很低。假設在大型國營和集體農場只有拖拉機和與之相配合的機器的費用是重要的，那麼不只是用非常大型的拖拉機，而是用由大、中、小型拖拉機組成的各種拖拉機的相互配合會更加經濟。但是，勞動、管理、土地和其他形式的物質資本是非常重要的。同時，數百萬小農戶仍限於使用許多鋤頭和非常密集的使用勞動。在西歐，沒有一個地方的農民像前蘇聯的小農戶那樣低效率的利用勞動進行耕作。假定這些小農戶的大小不會增加到超過十英畝，假定可以得到小型手扶（園林式的）拖拉機和與之匹配的機器以及設備，那麼，前蘇聯整個農業生產將會急劇增加，而現在供給不足，主要正是這些農產品。即使這樣，就前蘇聯數百萬個十英畝農戶再加上大型國營與集體農場而論，資源還遠遠沒有達到最佳的規模。因此，雖然農業生產會比現在更加有效，但它仍然是一種低效率的雙重形式的農場規模。顯然，拖拉機是一種僞不可分性（pseudo-indivisibility）。

⑩ 希歐多爾．W．舒爾茨：《大型拖拉機與許多鋤頭：評蘇聯農業》，芝加哥大學，農業經濟研究所，第六〇〇六號論文（一九六〇年八月，油印本）。這篇文章是根據作者在一九六〇年夏季作爲前蘇聯科學院的客人，在前蘇聯期間所觀察到的情況寫的。

2. 真不可分性

那麼，在現代農業中不可分的生產要素是什麼呢？我們僅僅考慮農業中使用的投入。良種、優良的牲畜品種、化肥、農藥、工具、牲畜牽引的設備、拖拉機，以及相關的機器和有電力的地方的電動機，都很少屬於這類不可分的要素。但是，典型的農民，或者農場處於不在所有控制之下的典型的農場管理者，一般是不可分的。然而，這種特別的不可分性並不要求大型農場；相反，在作爲大多數現代農業生產特徵的經營決策和投資決策爲既定的條件下，把一個人視爲不可分並不必然需要大農場。這就是證明日本、丹麥和美國的家庭規模農場高效率的關鍵所在。但是，這裡還要考慮到一個附加條件，因爲在離農場很近的社區裡，無論是以兼職爲基礎還是以全職爲基礎，都很容易找到工作，人力的貢獻是可分的，用部分時間從事農業也是可能的；這種農業則是有效的。[11]

---

[11] 詹姆斯．F. 湯普遜（James F. Thompson）：《西部肯塔基的部分時間農業和資源的生產率》（未發表的博士論文，芝加哥大學，一九六二年）。

對地租的壓抑

關於地租經濟作用的錯誤概念是很多的，而且在那些把這種錯誤概念付諸實施的地方，就損害了農業的效率。無論在地租是對農產品需求日益增加而造成的意義上，把來自土地的地租作爲一種不勞而獲的收入；還是把地租作爲投資於已成爲土地一部分的建築物的收益，或簡單作爲特種物質生產要素的有價值的生產率的合理收入；地租在配置農業資源中都執行著一種必要的經濟職能。因此，任何對地租的壓抑，都有損於指導和引誘農民有效的使用農田的信號和刺激。

古典學派和馬克思的學說，都助長了有關地租的錯誤概念。李嘉圖的概念，把地主作爲一段時期內增加收入的接受者，這種收入被認爲是不勞而獲，從而也就忽視了地租對資源配置的作用。馬克思的概念以李嘉圖爲基礎，這個概念變成了把全部土地完全國有化的教條，變成了在生產中配置土地時壓抑地租的教條。在前蘇聯類型的經濟中，農田和灌溉設施及其他農業建築的生產性服務，都由管理農業生產的人配給。一旦地租受到壓抑，就會用各種特定的措施來占有土地及其附屬物的生產率的價值。現在已知的這些措施有：強制按某種名義價格交售農產品，按低的固定價格把農產品賣給國家，以各種福利的名義對集體農場徵稅。此外，早期時對機器和拖拉機站的服務，實行高壟斷價格也可以作爲這類措施之一。除了可能用於福利目的的稅收外，所有這些措施的影響之一是減少了農田生產率價值。這些措施既沒有掌握，在作爲農田特徵的生產率價值方面的細微差別，又沒有產生地租在農業生產中配置土地的經濟作用。因此，對地租的壓抑是農業中嚴重低效率利用土地的原因。

與地租相關的另一種錯誤概念，是與窮國中廣泛認爲農業必須提供工業化所需要的大部分資本這種觀點相關的。因爲農業中的地租往往是高的，而且地主被認爲是不生產的，所以這種資本的自然來源就是農田的地租。於是又以爲獲得這種地租的有效方法，要麼是政府低價收購農民的主要農產品，然後以高利潤的價格出售；要麼是由政府簡單的壓低農產品價格，從而使食物價格和工資低於它們應有的水準，以減少工業化的代價。這種從農業獲得資本的方法並沒有占有眞正的地租，即農田的生產率價值。它往往有損於農業與其他經濟部門之間的資源配置。阿根廷庇隆（Peron）政權下所發生的情況，典型的說明了這種方法的不利影響：雖然在短短的幾年內產生了大量政府收入，但卻嚴重損害了阿根廷的農業生產。

還有另一種不壓抑地租對資源配置作用的方法。當然，政府可以透過對農田徵收土地稅、透過對這種土地徵收資本稅，或者透過公開的剝奪，來獲得用於工業化和其他方面的收入。但是，爲了獲得這種收入並維持地租對資源配置的作用，就必須區分作爲體現了土地的位置價值的收入的那部分地租，與作爲土地再生產性資本建築和地主的企業家職能收入的那部分地租。作爲土地一個組成部分的資本建築需要維持和折舊。美國現在總計是，不在農場居住的地主的純地租大約只是其總地租的一半。⑫即使這樣，在估算純地租時仍沒有扣除地主作爲企業家的貢獻的價值。

這裡所考慮的方法，關鍵是政府要確保有足夠的土地生產率價值應屬於農民（或地主），以便爲有效配置土地提供一種刺激。要達到這種目的，一種方法是透過使對每塊土地的資本課稅，等於這一來源的持久收入的資本化價值的大部分，把這種價值的小部分留給地主——這就足以對農業中有效配置土地提供刺激。另一種方法，要求每年的稅收等於農田位置價值所提供的持久收入流的大部分，這也將把這種收入流的一小部分留給地主，大概就足以維持，使所有者有效配置土地的必要刺激。透過這些方法，就可以從地租中得到一些公共收入，又不會壓抑地租對資源配置的作用。

關鍵是農產品和要素價格

在改造傳統農業時，不能沒有產品和要素價格對資源配置的作用。還沒有有效的替代方法，命令體制無論它是通過大農場還是小農場經營，都必然是低效率的。

---

⑫ 參見《一九六一年農業統計》，表六九三（美國農業部）。

無論出於什麼動機來壓抑農業中產品和要素的價格，這樣做的方法很多。上述的對地租的壓抑可以作爲許多這類壓抑中的特例。不必詳細論述其他壓抑，因爲原則上可以運用討論地租問題時所提出的同樣推理。

認爲對農產品和要素價格進行某種壓制是可行可取的，其根源有兩種：一種觀點認爲，農民對這些價格的變動或者是毫無反應，或者是作出反常的反應。我們在本書的幾個不同地方對這一觀點進行了檢視並已證明這是錯誤的。另一種觀點認爲，可以透過降低或提高某些農產品價格，使收入流出或流入農業而不會損害農產品價格對資源配置的作用。在某些經濟成長成爲主要目標的低收入國家裡，目的之一正是要從農業中得到某些收入，以便如前所述提供工業化所需要的部分資本。在某些高收入國家，特別是在農業部門已成爲高生產率部門的某些國家，政府力圖把某些收入轉給農業，以便改善農民的經濟地位。但是，無論這種收入轉移的目的是什麼，無論是透過降低或提高農產品或要素價格來實現這種轉移，這種價格對資源配置的效率都會帶來損害。如上所述，在由土地的位置價值所得到的純地租的情況下，有一種方法可以把這種地租的大部分轉移給政府，而又不壓抑地租對資源配置的作用。但是，這種情況只是一種例外，因爲現在並沒有相應的方法可以用於其他農業要素或任何農產品，以便運用價格使收入轉入或轉出農業，而又不減弱要素和產品價格對資源配置的效率。

在提高農產品和要素價格的資源配置作用，與使用往往導致低效率的其他控制來代替這些作用之間，總存在著一種選擇。重要的做法有這幾類：例如，把地方市場併入更大的市場，擴散有關產品和要素的經濟資訊，把減少資本市場的不完全性，作爲減少農業資本定量配給（rationing）的方法，按邊際成本來確定要服從於不可分性和限制競爭價格的規模，所要求的灌溉和其他設施的服務的價格，向保健、教育和人力資本的其他形式進行投資。減少農產品價格的波動，也屬於這類措施。

應該注意，這些改善措施中的最後一項，唯一原因是由於這一事實：我們已經仔細的檢視了在農產品價格大幅度波動時必然是特別低效率這種情況。此外，提出用農業的期貨價格，來對付這種價格波動對資源配置的不利影響，是合乎邏輯而又切實可行的改善。⑬

---

⑬ 特別可以參看 C. 蓋爾·詹森：《農業期貨價格》（芝加哥，芝加哥大學出版社，一九四七年）。

第九章　隱藏在「技術變化」中的生產要素*

* 茲維·格里利切斯和戴爾·W.喬根森對本章初稿的評論是很有價值的。

本書研究經濟成長的方法，是用需求和供給的概念來確定持久收入流的價格。運用這種方法時，重要而必需的步驟之一，是找到在價格低得足以引起用於對收入流來源投資的儲蓄時能獲得的收入流。這樣問題就是：哪裡有這些低價的持久收入流來源？雖然在理論和應用方面對經濟成長進行了大量的研究，但這些研究對回答這一問題少有貢獻。這些研究之所以沒有釐清低價收入來源的經濟基礎，主要原因在於這些特殊來源是隱藏在「技術變化」之中的。

至今爲止，本書研究的主要結論將作爲這一章目的的引言。從傳統農業中充其量也只能有很小的成長機會，因爲農民已用盡了自己所支配的技術狀態的有利的生產可能性。僅限於對他們使用的生產要素作出更好的資源配置，以及進行更多的儲蓄和投資無助於成長。儘管關於如何改善貧窮社會要素的配置寫了許多著作，但從更好的配置現有生產要素中所增加的實際收入是微不足道的。即使有一個貧窮的經濟制度，在配置它所支配的每一種要素方面是一部完善的混合機器，這個社會也仍將是貧窮的。關於從這類要素的存量增加所得到的成長，也可以得出類似的結論。它們是追加收入的高價來源，因而，它們只能提供很小的成長機會。就是說，在這樣的環境下農業產量只會是低下的。假定自然賦予是既定的；再假定雖然隨著人口的成長勞動力增加了，但技術水準並沒有提高；又假定雖然現有形式的建築物、設備和存貨的存量有了某種增加，但物質資本再生產形式的技術特徵並沒有變化。在這些假設條件下，來自農業的經濟成長將是代價高昂的。因爲成長的代價如此昂貴，所以許多增加儲蓄和引進外來資本以擴大對現有要素投資率的建議——這種建議充斥在經濟發展的文獻中——也因爲要求付出過於昂貴的代價而無價值。生產要素投資的成本與收益之間的關係，是對這些社會的人民把其收入中的更大部分儲蓄起來投資於這種要素，缺乏足夠引誘力的基本原因。簡單來說，報酬率不能保證追加的投資。

如果確實整個農業生產完全依靠傳統農業中使用的生產要素，那麼各地從這一部門所得到的成長前途就是悲觀的。或者說，如果各地的差別與塞納普爾和帕那加撤爾之間的差別一樣是很有限的，那麼，由這種差別中所得到的生產成長就仍然是非常微小的。但是，事實上依靠傳統農業要素與依靠現代農業要素的社會之間，在農業要素上的差別是很大的。

隱藏要素的把戲

前面提到的疏忽，主要是由於在研究成長問題時，對待生產要素的態度所引起的。經濟學家們往往把生產力分爲兩部分：一部分是「土地、勞動和資本（物品）」，而另一部分是「技術變化」。但是，在作出這種區分時很少認知到，「技術變化」這個詞僅僅簡略代表了要素清單中所沒有提到的許多（新）生產要素。當然，可以從所有新要素中提取出來，但認爲技術不是生產要素的觀點並沒有什麼合乎邏輯的基礎。一種技術總是體現在某些特定的生產要素之中，因此，爲了引進一種新技術，就必須採用一套與過去使用的生產要素有所不同的生產要素。

在分析這一問題中還有許多重要的情況，因為存在著明顯錯誤的觀念，即在對待「技術變化」時認為把生產技術和作為生產技術一部分的要素區分開來，在邏輯上似乎是可能的。生產技術是一種或幾種要素的組成部分。全面的生產要素概念不僅包括所有物質形式的資本（凡是它所包括的有用知識都是這種資本的一部分），而且還包括所有的人力（human agents）（這裡也包括了人所得到的知識，即作為勞動能力的一部分的技能和有用知識），當我們使用這個全面的生產要素概念時，就要完全考慮到所有的生產技術。因此，再重複一次，「技術變化」的概念在實質上至少是一種生產要素增加、減少或改變的結果。①此外，在許多情況下，說明、識別並衡量一種新要素（新要素所引起的效益隱藏在「技術變化」的名下），並不比對傳統要素這樣作更困難。

如前所述，作為一種分析方法把某些事情作為一種混合物而撇開，或把它作為不變的，這是容許的、必要的。理論分析正是這樣進行。當某些處於這種混合狀態的要素對生產的影響始終不變，或者在它們變動的範圍內對改變生產只有很小作用時，實證研究就可以這樣進

① 作者在《對農業生產、產量和供給的說明》中討論了某些這類問題，載《農業經濟學雜誌》，第三十八期（一九五六年八月），第七四八—七六二頁。

行，而且也是合適的。「技術」或者「技術狀態」的概念正是這種混合物。但是，如同現代經濟成長中的情況，當這種混合物已成為一種重要的變數時，如果要對成長作出令人滿意的解釋，就一定要檢視其中的特殊要素，並分析其經濟行為。

這樣看來，在概念上重要的用於生產的技術，是所使用的生產力的一部分。因為生產力包括了人力，所以如何使用包括人在內的每種生產力的知識（或者是專門技能，或者是「教導」）也是生產要素的一部分。因此，當把所有的生產要素完全釐清時，也就釐清了技術。在把生產要素這種概念所根據的經濟邏輯釐清時，就可以透過某些例子進一步闡明它在研究成長中的實際含義。

1. 某些農業要素的特徵的例子

年產一萬磅牛奶的乳牛比年產僅四千磅牛奶的乳牛要優良得多。良種乳牛代替劣種乳牛的過程是要素替代的一種形式，這一過程所根據的是隱含的成本和收益的考慮，當把所有乳牛一起考慮時，這一要素替代對生產的影響就被作為一種剩餘並被稱之為「技術變化」。當年產蛋一百或一百個以下的雞被年產蛋二百個的雞代替時，也可以運用同樣的邏輯。透過混合進一種（新）「飼料成分」（feed additive），一種不同的成分，飼料的營養價值會得到明顯的改變，為這目的生產出這種不同的成分，而且這種成分會有很好的市場。在某些說明中，把採用這種飼料成分說成技術變化是很方便的，但是，要解釋農業生產中的變化，就必須把這種飼料成分作為一種生產要素，並確定它的成本和收益。而且，如前所述，它也與任何傳統要素一樣是可確定的、可衡量的。肥料（fertilizer）的植物營養性質和肥料相對供給價格所發生的變化，是近幾十年裡影響農業生產的另一個重要例子。耕作中所用的技能和知識的提高，已成為人力的一部分。把這種提高說成是「專門知識」（know-how）的變化固然是有益的，但它掩蓋了在某種同「收益」相關的「價格」水準下形成的新的、更好的人力這一事實。最後，還有一個格里利切斯所分析的雜交玉米的典型例子。②在許多方面，一蒲式耳自然授粉玉米與一蒲式耳雜交玉米是相同的。對種植它們的土地要作同樣的準備。用來種植、耕作和收穫玉米的機器也完全一樣。然而在分析玉米的生產中，自然授粉和雜交品種顯然是不同的生產要素。雜交玉米並不是某種含糊的、無法分辨的「技術變化」的來源；相反的，它是明確的、可分辨的、可衡量的生產要素。

2. 某些特殊生產要素的供給中存在的變化

說明技術變化這一概念局限性的另一種方法是檢視要素供給的變化。完全可以把某些要素的供給作為固定的。還有另一些要素可以正確的作為被生產出來的生產資料，而這些要素

---

② 茲維．格里利切斯：《研究費用與社會收益：雜交玉米和相關的創新》，載《政治經濟學雜誌》，第六十六期（一九五八年十月）。

的供給顯然可以增加。還有另一些要素被錯誤的認爲似乎只是偶然出現的。土地的供給大概是固定的，但它現在遠遠不像過去的經濟學家所認爲的那樣十分確定。然而，自然環境和人類都有一些不能增加的特殊性質；因此，這些性質代表了供給基本是固定的要素的性質。③總是把資本財（capital goods）作爲被生產出來的生產資料。但是，一般的資本財概念僅限於物質要素，這樣就排除了透過向人力資本的投資，可以增加的人的技能和其他能力。人們所獲得的能力在經濟活動中是有用的，這些顯然是被生產出來的生產資料，而且在這方面也是資本的形式，這種要素的供給可以增加。根據人均小時工作的增加和僅限於建築、設備和存貨的資本的增加，來研究經濟成長時，假定品質是不變的，這就沒有考慮到勞動和物質資本財的品質一直在發生著重要的變化。經常排除了知識和以這種知識爲基礎的、有用的新要素的進步，好像它們不是被生產出來的生產資料，只是偶然出現的。這種觀點通常包含在技術變化這一概念中。

與這樣論述生產要素相關的經濟思想史是十分清楚的。古典學派的理論一開始就提出了生產要素的三分法，並認爲技術狀態是不變的。但是，因爲實際上出現了經濟成長，所以技

③ 就人的情況而言，並非後天獲得而是生物學遺傳的性質，在經濟分析中所涉及的任何時期、任何大的人群中，每個人實際上都是「固定的」。

術狀態不僅在變化，而且成為增加實際收入的重要變數。同時，根據技術狀態保持不變的假設還提出了許多分析生產的工具。因此，考慮到生產要素的品質和形式所發生的明顯變化，又不放棄使用已投入許多資本的、長期形成的知識裝備；正如每個研究生都知道的，技術變化的概念就成為流行的，它概括了實際上收入日益增加的情況，而這種情況是無法用土地、勞動和資本這些傳統概念和標準來解釋的。

這並不是說「技術變化」這個詞在解釋某些問題時不能成為有用的工具。但是，它不是一種解釋經濟成長的分析概念。把技術變化用於經濟成長是一種無知的表現，因為它只是一組無法解釋剩餘的名稱。④除了一般的衡量錯誤外，如果歸之於技術變化的剩餘價值很小的話，還可以說得過去，但是，當這些剩餘價值很大（實際上作為現代國家特徵的那種成長正是這樣），就等於對許多實際成長問題未作解釋。現在有少數經濟學家正在專心研究這個問題。本章的後面將評論這些經濟學家所作的努力。

---

④ 莫西·阿勃拉莫維茲（Moses Abramovitz)在其《一八七〇年以來美國的資源和產量的趨勢》（不定期論文第五十二期，國民經濟研究所，一九五六年）中清楚的說明了這一點。他在第十一頁上指出，對於「生產率增加」的原因知道得很少這一點就是「我們對經濟成長的原因無知的標誌」。還可以參看 E.D. 多馬（E. D. Domar）的：《論技術變化的衡量》，載《經濟學雜誌》，第七十一期（一九六一年十二月）。

「技術狀態」（state of the arts）的最初概念根據的是這種假設：在人和物質中存在著供給基本固定的普遍性質，這方面與土地原來的性質相類似。並不認爲有必要考慮組成技術狀態的許多組成部分是什麼。但是，當這些組成部分改變時，意味著什麼呢？它可能只意味著，至少有一種現有生產要素的品質提高了。或者說它可能意味著引進了完全不同的生產要素。第一種情況，即品質的提高，也可以看成相當於一種新生產要素。現在把兩種情況都看作新生產要素會更方便些。雖然任何技術變化的基本特徵，正是引進一種使用時更加經濟的新生產要素，但嚴格分析起來，除非依靠採用一種在技術上與舊生產要素有某些不同的生產要素，技術變化就無法實現。借助生產函數的概念，將會使新舊生產要素之間的這種關係更加清楚。所謂生產函數「向上移動」至少需要有一種新要素對生產發生影響。因此，如果在不包括新要素的意義上，關於要素的說明是不完全的，那麼根據這種不完全的說明所觀察到的生產函數，就可以把向上的移動看成是新生產要素對生產發生影響的結果。⑤

因此，有令人信服的原因，拒絕把技術變化的概念作爲解釋經濟成長的變數。在分析問題時，技術變化掩蓋了經濟成長的主要本質。在這方面把技術變化看作是「節約勞動」、

⑤ 在估算生產函數中所說明的問題是普遍適用的。參看茲維·格里利切斯：《估算生產函數中的說明重點》，載《農業經濟學雜誌》，第三十九期（一九五七年二月），第八—二十頁。

「節約資本」或中性的都毫無意義，除非可以辨明未加說明的（新）生產要素中資本和勞動部分，並使之成爲這種分析的一部分。一旦辨明了新生產要素，人們當然就會發現它們是代替或補足某種舊生產要素。在這一點上由於同樣的原因，「技術水平」（technical horizons）的概念也是毫無意義的。主要的問題在於技術變化是一種未加解釋的剩餘，它掩蓋了大部分相對低價持久收入流的重要來源，正是這種來源引起了與成長相關的儲蓄和投資。技術變化所掩蓋的是由於有利而被企業採用的某種（新）生產要素。此外，因爲這些新要素是被生產出來的生產資料，所以發現、發展和生產這些要素的活動是全面的生產概念的基本部分。這樣，檢視發現、發展和生產這些新生產要素的投資的成本和收益就很重要。

檢視技術變化所掩蓋的內容

本書研究所依據的關於經濟成長來源的觀點並不都是新觀點。人們早就認識到知識進步在增加生產中的重要性。只要提到其中的少數例子就足夠了。艾爾弗雷德·馬歇爾對知識的評價非常高，並且認爲知識是生產最強大的引擎。⑥約瑟夫·熊彼特把現代成長主要歸結爲

---

⑥ 馬歇爾：《經濟學原理》（第八版，倫敦，麥克米倫公司，一九三〇年），第四編，第一章，第一三八頁。

勞動增加和傳統資本形式存量增加之外的來源。⑦弗蘭克·奈特（Frank Knight）把「一切『有用的』知識成長，而無論是『關於』哪一方面的知識」⑧都作為一種被生產出來的生產資料，這在原則上與本書的研究方法沒有什麼區別。E. F. 丹尼森（E .F. Denison）⑨的方

在第四編第六章論述了教育問題，並把西歐和英國與美國和英國在這方面的情況進行了對比。馬歇爾的《工業與貿易》（倫敦，麥克米倫公司，一九一九年）是一部被嚴重忽視的研究經濟成長的著作。特別是他在考察德國經濟史時把其用的「收益遞增」（increasing returns）歸結為科學和技術的進步。

⑦ 熊彼特：《經濟發展理論》，R. 奧佩的英譯本（坎布里奇，哈佛大學出版社，一九五一年），第六十八頁。

⑧ 奈特：《投資的收益遞減》，載《政治經濟學雜誌》，第五十二期（一九四四年三月），第二十六－四十七頁。奈特有時感到，應該完全放棄整個「生產要素」概念。在這篇論文中，他提到自己對這一問題在一九二八年所採取的極端立場（第三十三頁，註七），但他對是否該這樣做始終表示懷疑，儘管他一直強調「生產力的分類問題向經濟分析提出了一個嚴重的難題」。

⑨ E. F. 丹尼森：《美國和美國以外的其他地方經濟成長的來源》，論文增刊第十三期（紐約，經濟發展委員會，一九六二年）。丹尼森把一九二九年到一九五七年間百分之二十七的成長率歸之為就業和勞動時數的增加，把百分之十五歸結為資本存量的增加。在同這些傳統的來源進行對比時，他把百分之二十三的成長率歸結為勞動力教育的增加，而把百分之二十的成長率歸結為知識的進步（因為他的估算包括了某些有小負號的來源，所以當涉及純成長率時，上述四種估算需要略微向下作一點調整。參看表二十二，第二六六頁）。

法所具有的優點是，引進了許多一般被忽略的重要的經濟成長來源。他的作爲投入的勞動概念，很接近於代表勞動所作出的服務的流量，因爲它主要是根據勞動力的收入。在以收入代表勞動的範圍內，他把勞動力總收入的增加，分別歸於許多改變勞動力的質和量的來源。但是，他的資本概念作爲一種投入並不能代表資本所作出的服務的流量。物質資本的增加大大被低估了，因爲他基本上作爲一個剩餘的「知識進步」的概念，掩蓋了大量生產服務流量，而這種流量是物質資本所作出的貢獻的一部分。

羅伯特·M. 索洛（Robert M. Solow）[10]首先透過估算美國一九〇九年到一九四九年期間的「總生產函數」著手，從實證上來解決這個問題，這一函數所根據的資本和勞動是以這種方法來衡量，以至於它們同實際資本和實際勞動所生產出的服務的流量關係更疏遠了。因爲略去了資本和勞動的部分，所以毫不奇怪，他的「函數」「在這一期間的前二十年以大約每年百分之一的速度，在這一期間的後二十年以每年百分之二的速度」向上移動。雖然這種研究贏得了廣泛的讚揚，但它並沒有抓住作爲所謂技術變化的基礎的新生產要素；它僅僅把未加解釋的剩餘變成部分的（不是全面的）生產函數向上移動的序列。在最近的一篇文章

---

[10] 索洛：《技術變化與總生產函數》，載《經濟學和統計學評論》，第三十九期（一九五七年八月），第三一二—三二一九頁。

中，索洛⑪把新資本財的形成作爲新技術知識的「傳遞者」，並且以此來尋求解決某些新生產要素對生產的影響問題。另一種論述是W. E. G. 索爾特（W. E. G. Salter）⑫所作，他把技術知識與生產技術聯繫起來，並假定這些技術是已觀察到的生產要素的一部分，將之引入生產函數之中。

本章針對技術變化中所隱藏的內容而作的批評，並不是說生產函數是無用的分析工具。生產函數的確是必要的工具，所需要做的不僅要包括傳統生產要素，而且還要包括體現了新生產技術的新要素。這就是格里利切斯滿懷希望所採用的方法，這種方法必須考慮到人和物質投入品品質的提高。格里利切斯在《衡量農業的投入品：批評性概述》⑬中清楚的預見了這種方法的本質。在這種方法中可以看出資本品質的變化。⑭也考慮到人力資本（教育）的

---

⑪ 索洛：《技術進步、資本形成與經濟成長》，載《美國經濟評論》，第五十二期（一九六二年五月），第七十六—八十六頁。

⑫ W. E. G. 索爾特：《生產率與技術變化》，劍橋大學應用經濟學系專題論文之六（劍橋，劍橋大學出版社，一九六〇年）。還可參看 L. 詹森：《區分資本積累和生產函數移動對成長和勞動生產率的影響的方法》，載《經濟學雜誌》，第七十一期（一九六一年十二月），第七七五—七八二頁。

⑬ 參看《農業經濟學雜誌》，第四十二期（一九六〇年十二月），第一四一一—一四三三頁。

⑭ 茲維·格里利切斯：《關於衡量價格和品質變化的說明》，該論文在收入和財富研究會上宣讀，北卡羅來納

改善。因此，格里利切斯在研究農業生產率的一篇進展報告中談到：「因爲任何一個衡量生產率的公式，都可以公開或隱藏的對農業總生產函數的形式及其係數的數值作某種假設，所以可以透過直接提出關於生產函數的問題，更容易的研究這種衡量過程的正確性所引起的許多問題。」⑮

全面生產要素概念的含義

這種研究經濟成長來源的方法包含著一種資本理論，這種資本理論包括了所有生產要素，即土地、一切再生產性的物質生產資料及人力。它還意味著，透過投資，人力資本和物質資本都可以增加。最佳的投資儲蓄配置，要求再生產性的物質資本形式與人力資本形式之間報酬率的相等，就像在每一類資本內部所要求的那樣。因此，在原則上有一種檢驗方法，可以確定在人力資本和物質資本中，是投資不足還是投資過度。

大學，查珀爾希爾，北卡羅來納，一九六二年二月三日。

⑮ 茲維·格里利切斯：《農業生產率：進展報告》，芝加哥大學，農業經濟研究所，第六二〇五號論文（一九六二年五月二十九日，油印本），曾在一九六二年九月愛爾蘭都柏林的經濟計量學協會的會議上宣讀。

生產要素是持久收入流的來源，收入流是這些來源的（生產性）服務的流量。為了確定某種來源（投入）的重要性，根據人均小時來衡量勞動，或者用物質資本的存量減去品質的提高，都是不正確的。

需求和供給的方法

一旦辨明了某種隱藏在技術變化中的生產要素，分析經濟成長來源的問題就基本弄清楚了。曾提出過兩種主張：第一種主張清楚表明，可以用對一組已耗盡其有利性的生產要素的依靠性，來解釋與傳統農業相關的緩慢成長的經濟基礎。第二種主張指出，爲了打破這種依賴，處於傳統農業中的農民一定要以某種方式獲得、採取並學會有效的使用一套有利的新要素。

在分析達到第二種主張中所包含的目的過程中，需求和供給的概念是有用的。這種方法使我們去檢視新的有利要素的需求者和供給者，所產生的作用和行爲的經濟基礎。在這種情況中需求者是傳統農業的農民；供給者是發現、發展、生產、分配新生產要素，並使需求者能得到這些要素的那些人（營利的企業和非營利的機構）。無論這些供給者所從事的是發現、發展，還是生產已形成的要素或分配這些要素，他們從事的顯然是生產活動。但是，把需求者行爲，也作爲以需要成本並提供收益的投入爲基礎的生產活動，就不那麼明顯了。需求者可能要尋求關於這些新要素的資訊，而尋求資訊的過程可以直接根據成本和收益理論來說明。需求者也要學習如何最好的使用這些要素，但是，一般說來這並不如「尋求資訊」所說的那樣直接。更重要的是透過教育和教導向人進行投資。以下兩章將要論述這些供給者和需求者。

第十章　新的有利生產要素的供給者

窮國農業部門的經濟成長主要取決於現代（非傳統的）農業要素的可得到性和價格。在這種意義上說，這些要素的供給者掌握了這種成長的關鍵。當他們在廉價的生產和分配這些要素方面獲得成功時，向農業的投資就變得有利了，而這就開始了農民接受並學會最好的使用現代要素的階段。對增加儲蓄和形成對這些要素投資提供資金的信貸機構，這也是一種引誘。這些供給者的確很重要。

但是，這些供給者很少受到注意。人們認爲，他們許多人似乎完全在經濟學的範圍之外。他們是隱藏在「技術變化」中生產要素的生產者。他們中的某些人從事研究、某些人從事發展活動、某些人僅僅生產資訊。無論在從事生產的方式方面或在進行組織的方法方面，他們都不一樣。

本章主要關注現代農業要素的供給者，在生產這些由貧窮社會的農民得到和接受的要素中，所提供的生產性服務的成本。生產這些服務的成本是十分重要的。爲了方便起見將不考慮一般的生產活動，而是首先集中研究，使已知的現代農業要素適用於貧窮社會的特殊環境，所要求的研究和發展，然後研究營利機構和非營利機構分配這些要素的經濟基礎。

供給者的研究和發展

現代農業高生產率的主要來源是再生產性的來源。這些來源由特殊物質投入和成功的使用這些投入所要求的技能和其他能力所組成。被自然固定的土地和人的成分，一般只具有第二位的重要性。再生產性來源顯然是兩個部分，即現代物質投入和具有現代技能的農民。雖然有些例子是具有高水準耕作技能的人遷移到一個貧窮社會裡，但這只是獲得這種技能的一種例外方式。一般來說，貧窮農業社會只有透過向他們自己的人民進行投資，才能獲得必要的技能。然而在現代物質投入方面，有許多東西是可以進口的。

但是，這些現代物質投入很少是現成的。這些投入很少能夠以其現有的形式被採用，並引入到典型貧窮社會的耕作中。它們應該適應於貧窮社會的特殊農業環境。生物條件的差別特別重要，其中許多條件與緯度的差別有關。例如，適用於愛荷華州的雜交玉米種植，在印第安那州就比種植在阿拉巴馬州好。在溫帶地區生產率高的乳牛品種就不適用於熱帶的環境。各地的土壤也有很大差別，而這些差別對作物、肥料、水和耕作要求都有重大影響。技術先進的國家裡很少有什麼再生產性農業要素，可以現成的用於大多數貧窮社會。

一般說來，可以得到的是有用知識本身，這種知識使先進國家可以生產出自己使用的要素，這些要素在技術上優於其他地方使用的要素。這種知識本身也可以用於發展相似的、一般也是優良的新要素，而這種要素能適應於貧窮農業社會所特有的生物和其他條件。這種知識包括：已建立的有關植物、動物、土壤、機械等的科學理論和原理。雜交就有可能生產某些具有特殊「雜交能力」（hybrid capacities）的作物和牲畜。作爲這種雜交基礎的遺傳學原理也是所有雜交玉米的基礎。但是，運用這種雜交知識來生產出適用於特定玉米種植地區的良種玉米，並不是簡單的事情。在美國還有一些地區的農民仍然在種植自然授粉的品種，原因只不過是在那些地區還沒有培養出多產而很適用的雜交品種，足以代替自然授粉的品種。

一個國家要從已建立的關於雜交的遺傳學知識和其他有關的知識中得到好處，就必須做近二十年來墨西哥政府和洛克菲勒基金會，爲發展適用於墨西哥環境的現代農業要素所做的事。關於墨西哥取得進展的年度報告①充塞著類似如下的說明：

1.「在培育一種新的雜交白玉米 H-507 時，把每份兩磅共七百五十份都分給了農民。……H-507 的產量比原來推薦的雜交品種（H-503）約高百分之二十，而比當地最好的自然授粉品種約高百分之三十五。」

2.「對引進的玉米，諸如美國的雜交品種所進行的多次試驗證明了以前所觀察到的情況：如果要避免採用不適用品種所引起的嚴重困難，關鍵是用當地的材料形成當地的品種。」

---

①這些說明根據《一九六〇—一九六一年農業科學年度報告》（紐約，洛克菲勒基金會，一九六一年七月）的計畫。還可以參看亞瑟・T. 莫澤（Arthur T. Moser）：《拉丁美洲農業的技術合作》（芝加哥，芝加哥大學出版社，一九五七年），第六章。

3. 美國的高粱品種也是有缺點的。「具體講，早熟的品種是許多地區所需要的，而能可靠的在海拔一千八百公尺以上的地方種植的改良品種，意味著巨大的生產可能性。當把美國培育的雜交品種種植在墨西哥時，並不能保證它們的產量總比自然授粉的品種高。然而，看來當地培育的雜交品種的產量與美國所達到的產量相當。」

4. 在小麥方面，一九六〇—一九六一年期間，墨西哥的小麥全國平均產量約是十年前的二點五倍。除了一九六〇—一九六一年有利的氣候條件之外，這些產量的增加是因爲更多的肥料和經過改善的整地與灌溉工作，此外「每年小麥收成的百分之九十八左右是來自於經過改良的小麥品種」。

「通過發放奈納裡里（Nainari）六十、華曼特拉．羅約（Huamantla Rojo）和桑達．艾列那（Santa Elena）這些新的多產品種……大幅度的增加全國平均產量是可能的。此外，還有一些更新的、半商業性的矮稈品種，例如蓬加莫（Penjamo）六十二和皮替克（Pitic）六十二，估計這些品種的成果會更顯著。」

5. 在一九五七年開始的新馬鈴薯計畫已經培育出「九個能抵抗疫病的新馬鈴薯品種」。「在一九六〇年，墨西哥已生產出一萬四千多噸經過鑒定的馬鈴薯種子。」

還報導了在蠶豆和黃豆、園藝學、牧草和豆類，以及「土壤肥力和管理」、「昆蟲學」、「植物和動物生理」和「家禽」這些方面類似的發展。在「農業經濟學」這一題目的報導中涉及了經濟方面的內容，並爲傳播「農業資訊」作出了相當的努力。

作爲例外，有少數精良的農業要素可以現成的用於所考慮的目的。這些農業要素主要是小型工具、設備和小型機械。私人企業最願意生產和分配的正是這些要素，從而使貧窮農業社會的農民能夠得到。

但是，適用於貧窮社會的現代農業要素，首先應該依靠現有的科學與技術知識來進行「生產」。這個過程所需要的生產服從於兩個基本經濟特徵：第一個特徵是，「生產者」一般不能占有由這種生產所得到的全部收入（利益）。第二個特徵所根據的是，當一個企業從已有的科學和技術（農業）知識著手，從事適用於特殊貧窮社會農業的現代要素的生產時，已知的不可分性主要在於所要求的方法和科學家。

正因爲這兩個特點，使大部分基礎研究和部分應用或開發研究，必須「社會化」。如果基礎研究完全依靠營利的私人企業，那麼對這種研究的投資必然會很少，因爲這類企業不能占有一個科學機構所生產的全部有價值的產品。②因爲邊際成本不等於邊際收益，私人企業的支出必定少於最優支出，這是由於許多收益不能由該企業所得到而是廣泛的擴散了——某些收益歸其他企業，而某些收益歸消費者。即使私人企業獲得了強有力的專利保護，它們也

---

② 這兩個原則中的第一個曾由理查·R.納爾遜（Richard R. Nelson）作了詳細論述，見：《基礎科學研究的初等經濟學》，載《政治經濟學雜誌》，第六十七期（一九五九年六月），第二九七—三〇六頁。

不能占有由這種研究所得到的全部收益。

不可分性也很明顯。一個只有簡陋實驗室的科學家，依靠自己隻身處在一個貧窮農業社會中，從現有的科學和技術知識來開始生產，在技術上適用於他所在社會環境的新農業生產要素時，必然不能有多大成就。這樣小的規模，效率是很低的。適於這一任務的方法，一般要求要有許多各類科學家和輔助人員，以及各種用於實驗工作的昂貴設備，以便接近於達到最優規模。

美國已建立的科學機構在滿足與農業中有用知識的生產相關的這兩項經濟原則方面，在多大程度上接近於最優規模呢？這種科學機構包括：州實驗站、地區實驗室和設在馬里蘭州貝爾特斯維爾的國家研究中心。美國農業部不僅管理貝爾特斯維爾的國家研究中心，而且還管理二百個田野機構；這些田野機構一般都很小，而且與科學團體過於脫離以至於效率不高。[③]雖然美國的農業科學機構在所完成的工作方面取得了顯著成績，但在某些方面效率是低的。如上所述，研究工作由於分支機構和小的聯邦機構過多而困擾。但是，更重要的是許多主要農業區沒有一個有能力而又高效率，爲它們服務的研究機構。肯塔基州、田納西州和

③ 對美國爲農業服務的科學機構的重要檢視可以參看《科學與農業》（總統科學顧問委員會，華盛頓，一九六二年一月二十九日），這是一份關於作者曾長期在其中工作的一個農業專門小組的報告。

西佛吉尼亞州存在著與農業緊密相關的嚴重低收入問題，這些地方在許多方面很像世界上某些貧窮農業社會的情況，但這些地區被忽視了。除了北卡羅來納州和佛羅里達州有研究機構外，南部的研究機構也很少。還有另一個大地區的研究機構也極少，這個地區包括從達科他州、內布拉斯加州、堪薩斯州和奧克拉荷馬州開始，一直延伸到西部的平原和山谷地帶，其中不包括加州和俄勒岡州的太平洋沿岸。從這些被忽視的農業地區的情況所得出的教訓是：建立並維持像愛荷華州、明尼蘇達州、威斯康辛州、密西根州、紐約州和加州，那樣大而效率高的農業研究機構是一項花費頗多的事業。不可分性就是說，要求有許多科學家和許多昂貴的研究設備才能達到最佳規模。④美國在拉丁美洲的技術援助方案是值得注意的，雖然那裡二十年來有過這類方案，雖然已有幾百萬美元用於農業技術援助，但並沒有建成一個傑出的農業研究機構。相較之下，洛克菲勒基金會雖然對拉丁美洲的農業進行技術援助花錢少，但在這方面卻獲得了成功。

從這部分可以得出如下結論：⑴除了少數例外，無論研究或開發，都必須使已知的現代農業要素適用於貧窮社會的環境；⑵營利的私人企業，一般只能占有由這種研究和開發活

---

④ 對生產與分配用於農業新知識這一問題的主要論述可以參看本書作者的論文：《農業和知識的應用》，載《展望未來》（巴特爾克里克，密執安，凱洛格基金會，一九五六年）。

動所得到的部分收益；(3)一個有效的研究機構的規模，排除了以確保企業競爭爲基礎的安排；以及(4)第二和第三的經濟基礎，使得在向還沒有得到現代農業要素的社會供給這些要素時，組織公共和私人非營利團體，去完成某些研究和開發職能是必要的。

供給者所進行的分配

一旦形成了在貧窮社會的農業經濟中可能有利的新生產要素，要如何分配這些要素呢？分配主要是由供給者進行，這些供給者是營利或非營利機構。

我們時常注意到，需求者（農民）要有執行這一職能的足夠的資訊和能力。僅能維持生存的農民很少能這樣做。某些種植園的經營者能這樣做，這是因爲種植園的規模大，而且某些種植園是外國企業，可以從外國得到新知識。這是與殖民地經濟發展的重要結果緊密相關的。一般說來，除了某些種植園外，這種經濟發展並不能實現農業現代化。偶然也有個別本地（經商的）農民成功的進入這一分配領域。例如，瓜地馬拉某些相當大的稻米種植者，透過向種稻各州——阿肯色州、加州、路易斯安那州和德州——的實驗站索取稻米生產新發現和發展的資訊而做到了這一點。墨西哥北部的某些棉花種植者，也透過向鄰近的美國實驗站求助，而在棉花方面同樣做到了這一點。

1. 營利企業

企業從分配新農業要素中能期望獲得的利潤，主要取決於該行業的進入成本和市場規模。但是，在典型的貧窮農業社會，從這一業務中獲得利潤的可能性是很小的，這是因爲加入這一行業的成本一般是高的，而某種要素的市場卻是小的。除非分配新要素有利可圖，否則它顯然不能吸引私人企業。

進入該行業的成本主要由下列必須花費的支出決定：(1)使新農業要素適用於社會環境的支出；(2)向潛在需求者農民提供資訊的支出；以及(3)克服其他加入該行業障礙的支出。第一項支出取決於對新農業要素要在多大程度上進行試驗和驗證，以便知道農民使用時技術上的適用性和有利性。嚴格說來，這些是開發成本，因此在邏輯上屬於前一節。但是，實際上一個進入貧窮社會出售新農業要素的企業，很少能不花一些附加的開發成本。把這些支出作爲「適應的成本」是恰當的。這些成本的多少取決於要素開始時的適用程度大小，取決於企業學到了多少當地的經驗，也取決於企業使用這些經驗，以使某種要素適應該社會的農業環境時的效率。適應的成本在企業的總成本中並不占某種固定比例，因爲這種成本對不同要素和不同社會而言差別很大。

企業向農民提供新要素資訊的成本，在確定營利企業對實現農業現代化所產生的作用中是個關鍵變數。把美國和瓜地馬拉的帕那加撒爾進行比較，是研究這種成本的有用方法。在美國有許多定期向農民傳播各種技術和經濟資訊的農業雜誌、報紙、廣播和電視節目，而且，這些資訊供給者的服務是出租的，因此一個開始分配新農業要素的企業，可以作廣告以及購買廣播和電視的時間，向農民傳遞關於企業某種商品的資訊。此外，這裡有高度發達的農業推廣站，其任務是把許多物力用於向農民傳遞新生產要素的資訊。比這一切更重要的是農民所獲得的教育。當人民是文盲時，農業雜誌和報紙顯然是不可能產生作用的。關於新要素技術的特徵及使用方法的教育，是複雜的科學技術教育，前提是有較高的知識水準。就農民而言，這種有用的知識是以他們的經驗及教育水準和程度爲基礎的。

相較之下，在瓜地馬拉的帕那加撤爾，這些爲營利而專門向農民傳遞資訊的補充性企業並不存在，而且，這裡沒有農業推廣站、沒有適用的技術經驗、也沒有教育可以依靠。假定一個供給者打算出售一種良種，這種良種要求施用特殊混合型的化肥、特殊的農藥，並要求改變灌溉的做法，那麼，即使這種新農業要素潛在的市場很大，但按企業的成本來衡量，在這種社會裡向農民傳播關於這種新品種及最好的種植資訊，也是一件很難辦到的事。這些成本可能很大。

私人企業還經常面臨著需要花費某些成本的政治障礙。如果是外國企業，它還會遇到一種或幾種進入某個國家的特殊條件。它可能得不到與新要素相關的技術資訊和經過實驗的配種家畜。例如，在雜交玉米的案例中，用雜交生產某種雜交品種時所需要的近交系，可能買不到或被企業用於營利。格里利切斯觀察到，美國南部地區引進雜交玉米比較遲的原因之一，就是當地私人種子公司在獲得實驗站培育的近交系時所遇到的障礙。⑤一旦進入該行業的成本確定了，關鍵就是市場規模。難就難在這些新農業要素的市場一般都非常小，單靠許多農民並不能形成一個大市場。典型的愛荷華州農場所需要的玉米種子比整個帕那加撤爾種植的都多！在解釋私人種子公司能進入美國各地區出售可接受的雜交玉米品種的時間差別時，市場的密度顯然是重要的。⑥

在私人公司能進入這一領域之前，經常需要非營利機構來開闢道路。如上所述，透過向農民傳播技術和經濟資訊的非營利機構，進入該行業的成本可以大大減少。成本與收益中所包含的是分配新農業要素中營利企業與非營利「企業」之間的分工。

2. 非營利企業

窮國的農業部可以從事一項分配新農業要素的方案。地方實驗站可以向農民分配新品種種子，以便在實際耕作條件下進行檢驗並促使農民採用這些品種。為了各種目的可以建立農業推廣站。學校也可以直接作出貢獻，或長時期透過提高農民的教育水準間接的作出許多貢

⑤ 茲維．格里利切斯：《雜交玉米與創新的經濟學》，載《科學》，第一百三十二期（一九六〇年七月），第二七五—二八〇頁。

⑥ 同上書，第二七六—二七七頁。

獻（下一章主要討論這個問題）。還有一些其他辦法，包括慈善性的基金會，例如：福特基金會在印度的農業計畫和洛克菲勒基金會在拉丁美洲的農業計畫；宗教團體⑦提供援助來支持學校和農業計畫；聯合國糧農組織；以及外國政府透過向農業提供技術援助的經濟援助方案的幫助。⑧

但是，經濟分析對研究這種公共和私人非營利機構的活動能作出什麼貢獻呢？答案在於這些機構生產了有經濟價值的服務，並在從事這些活動時使用了某些資源這個事實。這些機構雖然不受市場是否贏利的影響，但它們要服從於經濟評價，因爲它們同樣付出成本而且同樣產生收益。如同報酬率的概念當然也可以用於對建築物、設備和供買賣的存貨投資一樣，它在原則上完全適用於對教育、研究、開發新生產要素、推廣工作和透過非市場的安排對農民進行各種培訓的投資。作爲本書研究基礎的基本假設是，這樣看待非營利機構的這些特殊活動在邏輯上是允許的，在實證上是可能的。雖然這些機構是根據非營利的基礎組織的，但仍把它們當作企業。

---

⑦ 詹姆斯・G. 馬多克斯（James G. Maddox）：《宗教組織對拉丁美洲的技術援助》（芝加哥，芝加哥大學出版社，一九五六年）。

⑧ 亞瑟・T. 莫舍：《拉丁美洲農業的技術合作》。

再假設有這樣一種情況，商業企業之所以不能向某個貧窮社會提供新農業要素，是因為進入的成本非常高而市場太小，以至於供給新要素對這些企業來說是一項無利可圖的冒險事業。有什麼理由可以認為，當非營利企業所花費的全部實際成本，要由受益的社會或國家從它們得到的收益中償付時，由一家或幾家非營利企業承擔這一項任務會更「有利」呢？實際上有充分的理由可以對這一問題作出肯定的回答。在科學和技術研究方面，已提出過這些問題。繼續研究這些問題是有益的，因為原則上它們也適用於研究和分配新農業要素相關的成本和收益。

營利企業在從事農業研究中不能達到社會最佳化的原因，基本有兩類：⑴它們不能占有這種研究工作的全部收益；⑵它們一般不能建立一個最佳規模的研究機構。為了說明這一點，我們必須再回到雜交玉米上來，因為還沒有一種其他新農業要素的基礎經濟學被如此細緻而全面的分析過。主要使用實驗站培育出來的近交系的私人種子公司，並沒有得到過多的利潤。顯然實驗站並沒因為他們成功的培育出近交系而致富。正如格里利切斯所說明的⑨，

⑨ 茲維·格里利切斯：《研究費用與社會收益：雜交玉米與相關的創新》，載《政治經濟學雜誌》，第六十六期（一九五八年），第四一九—四三九頁。根據一九五五年的材料，按百分之十的報酬率計算，過去累積的研究支出已達一點三一億美元。每年總純收益達到九點〇二億美元，表示報酬率是百分之六百八十九。參看表二，第四二五頁。

儘管研究的費用非常巨大，但根據一九五五年的資料，這些研究費用每年的收益大約是百分之七百。私人種子公司的收入中顯然並沒有這種巨大的收益。它也沒有轉為支持實驗站的撥款，同樣也沒有歸於採用雜交玉米的農民。它主要是使消費者受益，因為玉米是生產許多畜產品的主要原料之一，由於降低了玉米的相對價格而成為消費者剩餘（consumer surplus）。因此，雜交玉米的大部分利益是體現在消費者的實際收入上。如果商業企業能占有全部或大部分這些收益，顯然就會發現，參與雜交玉米培育的全部研究工作是非常有利的。但是，因為這是不可能的，所以生產額外的實際收入的這種廉價來源，唯一方法是發展所討論的那種非營利企業。

農業推廣站的經濟學在很多方面與農業研究機構的經濟學相似。存在著重要的規模考慮。要使農業推廣站有效率，就不能把它的活動局限於促進一種或少數幾種新農業要素的使用。例如，它應該向農民傳播與生產有關的其他資訊，以及與影響農民生活水準有關的消費、價值觀和嗜好的資訊。商業企業也不能組織有效的推廣站，這是因為這種機構的規模問題，以及商業企業不能占有大部分收益。假設像印度這樣的國家，給予一個營利企業建立以促進銷售新農業要素為目的的正式的農業推廣站的特權，但由於上述原因這仍不是一件有利可圖的私人事業。首先，這個企業的花費將十分巨大。其次，與研究工作中的情況一樣，它並不能占有全部好處。即使是透過向農民提供新生產要素資訊的基礎上的推銷工作，增加銷售的全部收益也不能由這種營利企業所占有，除非這家企業得到了對所有新農業要素完全壟斷的特權。不能設想哪一個開明的政府會賦予營利的企業以這種壟斷。另外，商業企業也不能占有由這種農業推廣站所產生的許多其他收益。當然，可以認為，擺脫這一困境的出路是賦予商業企業特權，這種特權不僅能使它壟斷所有新農業要素，而且有權對它的各種其他服務收費；占有這種其他收入對企業是有利的，從而就可能建立一個由營利企業所主持的正式的農業推廣站。支持這種方法的主張顯然要求一些條件，這些條件是如此不易，以至於這種方法完全是不現實的。

因此，在評價非營利企業在貧窮社會分配新農業要素中所能產生的作用時，絕不能忽視規模條件的含義。如果把這些非營利企業局限於一個並不比帕那加撒爾和塞納普爾大的社會中，那麼，要讓他們進行有效的組織工作是不可能的。

實際的問題是要找到一種完成這任務的有效的非營利方法。窮國可以吸引某些外國機構，例如，基金會⑩或友好政府，或聯合國的機構，來提供某些技術援助。但是，就大多數情況而言，窮國一定要發展自己的、執行這一職能的機構。只有這樣，它才會為私人公司參與某些新農業要素的分配開闢道路；也才會使非營利企業和營利企業實現專業化，以便達到它們之間的有效分工變得必要。在努力使農民依靠低生產率又無利可圖的傳統生產要素的地方實現農業現代化過程中，供給這些再生產性農業生產要素方面的基本要求是：投資的預期報酬率應該是高的。

⑩ 洛克菲勒基金會最近的兩個年度報告——《一九五九—一九六〇年農業科學規劃》（第二九二頁）和《一九六〇—一九六一年農業科學規劃》（第三二六頁）——對基礎研究工作的複雜性和規模問題是很有啓發的。據報告，在一九四一年到一九六〇年期間由這個基金會代表的墨西哥農業科學支出的財政支出總數如下：

1. 經營計畫　七百三十一萬七千美元
2. 資助計畫　一百六十萬六千美元
3. 獎學金　二十九萬二千美元

總　計　九百二十一萬五千美元

每一個想知道在像墨西哥這樣的國家，發展成功的農業研究和推廣計畫要包括什麼內容的人，都應該讀一讀一九六〇—一九六一年的年度報告。

第十一章　農民作爲新要素的需求者

按都市人的看法，農業是因循守舊的堡壘，因此，認爲農民會放棄舊習慣並需要新生產要素是不可思議的。如果各地的農民總被傳統束縛，那麼，把農民作爲非傳統生產要素的需求者，當然毫無意義了。但是，現代農業顯然是農民獲得並學會使用優良的新生產要素的結果。這種對新農業生產要素的基本需求，並不是哪一個地方的農民所特有的，例如，它就不是著名的愛荷華州農民所特有的。還在二十世紀初之前，丹麥農民就實現了這種改造。在最近幾十年間，日本和墨西哥農民對新農業要素的需求也十分強烈。有種觀點認爲所有的農民都受到了傳統的約束，因此，對他們來說要實現農業現代化是不可能的，這種看法是一種神話。

在檢視了農業要素的供給者後，下一步就要考慮農民，這些要素的需求者。這裡有三個關鍵問題。當供給者能夠提供這種要素時，貧窮社會的農民在什麼條件下會接受這些要素？什麼時候，甚至當這些要素還不容易得到時，農民就會尋求這些要素？在學會最好的使用新要素中，在職培訓、教育和經驗的重要性有多大？本章的目的正是要檢視這些問題中所包含的內容。這種檢視需要分析對新要素的接受、對新要素的尋求以及學習使用新要素。

接受的速度

什麼因素決定了農民是否接受新農業要素呢？假定一種新要素是可以得到的，而且需求者對它有某些瞭解，包括瞭解獲得它的條件。一種方法是根據文化變數來解釋接受速度的差別。另一種方法是根據有利性來解釋接受速度的差別，本書遵循的正是這種方法。

1. 有利性

格里利切斯在解釋雜交玉米的推廣方式時，所得出的結論是：「從自然授粉品種轉變爲雜交品種時，**絕對**有利性的差別是用來說明不同地區接受雜交玉米速度的差別的主要因素之一。」①有利性這種方法也解釋了貧窮農業社會的接受問題。儘管過去寫的所有文章都是要說明，貧窮社會的農民受到各種各樣的文化限制，使他們在接受一種新農業要素時，對正常的經濟刺激毫無反應；但對接受某種新要素時所觀察到的時間遞延的研究表明，可以用有利性對這些時間遞延作出令人滿意的解釋。雷傑．克里斯娜對旁遮普邦棉花種植者對供給的反應，包括對接受更好的新棉花品種的反應，所作的開創性研究有力的支持這種看法。②

---

① 參看茲維．格里利切斯：《適應性與有利性：一種虛假的區分》，載《農村社會學》，第二十五卷，第三期（一九六〇年九月），第三五四頁。還可看他的基礎研究：《雜交玉米：對技術變化經濟學的一種探討》，載《經濟計量學》，第二十五期（一九五七年），第五〇一—五二二頁。

② 雷傑．克里斯娜：《旁遮普邦（印度—巴基斯坦）農戶對供給的反應：對棉花的一種研究》（未發表的博士論文，芝加哥大學，一九六一年）。

在《一個便士的資本主義》中塔克斯觀察到，在這個社會裡對新要素所作出的反應是積極而強烈的。當秘魯高原上的印第安人，能夠得到的馬鈴薯品種比傳統的品種更能抵抗病蟲害時，採用這種抗病蟲害能力強的品種所能帶來的產量顯著增加，使得接受新品種成為輕而易舉的事。在墨西哥農民接受已被證明產量高於傳統品種的玉米和其他作物的新品種方面，也有類似的情況。

因為有利性的差別是個有力的解釋性變數，所以就不必去求助於人性、教育和社會環境方面的差別。用生活水準指數來解釋接受雜交玉米速度的差別，實際上證明是不成功的。③L. 布蘭德（L. Brandner）和M. A. 斯特勞斯（M. A. Strauss）研究雜交高粱在堪薩斯州的推廣時也抓住了這個問題。④但是，正如格里利切斯指出的⑤，他們兩人討論問題的根據是在「適應性」與「有利性」之間作了某種錯誤的區分。

有利性的概念並不僅限於市場交易。某種主要維持生活的作物（例如，秘魯高原上的馬

③ 茲維·格里利切斯：《雜交玉米與創新的經濟學》，載《科學》，第一三二期（一九六〇年七月），第二七七—二七九頁。

④ 布蘭德和斯特勞斯：《雜交高粱推廣中的適應性與有利性》，載《農村社會學》，第二十四期（一九五九年），第二八一—二八三頁。

⑤ 茲維·格里利切斯：《適應性與有利性：一種虛假的區分》，第三五四—三五六頁。

鈴薯和墨西哥某些地區的玉米）的產量增加，即使這種作物並不出售，也可以說是「有利的」。而且，有一點可能是事實，即對基本是自給自足的農民來說，從接受新農業要素獲得利潤的可能性一般要小於商業性農民。還應考慮到所增加的生產用於出售時對農產品價格的影響。當市場小而且需求缺乏價格彈性時，引進一種增加生產和銷售的新農業要素的有利性，在一段時期內可能會縮小甚至消失，當然，農民可能預見不到這種結果。在一個大市場上，對某些農民所增加的銷售的需求有很高的價格彈性，這樣，情況顯然就有利得多。人們經常強調有利的國外市場在實現農業的經濟成長中的重要性。這方面有過許多例子。A. J. 揚遜（A. J. Youngson）進行的研究更好的證明了這一點，說明在十九世紀後半期英國畜產品市場的開闢和迅速成長對丹麥農業何等重要。⑥最近墨西哥棉花生產迅速和大規模的擴大，與美國爲了維持世界市場上有利的棉花價格水準而採取的棉花的價格支持，不能說沒有關係，墨西哥農民對此作出了最成功的反應。

2. 決定有利性的因素

某些研究者常犯的錯誤是，僅僅根據其他地方農民使用某種新農業要素的有利性，而斷定貧窮社會的農民獲得並採用這種要素也理所當然是有利的。關鍵當然在於新要素在貧窮社

⑥ A. J. 揚遜：《經濟進步的可能性》（劍橋，劍橋大學出版社，一九五九年），第十章。

會裡的價格及產量。它的價格可能比較高的理由在於需要反覆提到的原因，即私人公司會發現，相對於市場規模而言，供給新品種種子、肥料、農藥或簡單機器，其進入成本是高的。

前面還沒有討論過與產量相關的因素，而這些因素是相當複雜的。已經提到過的是關於供給者如何成功的培育新要素，並使之適應於該社會的農業條件。美國的雜交玉米一般產量超出自然授粉品種的百分之十五。貧窮社會的農民所得到的不很適用的雜交品種不會比這更好，然而，這是假定產量增加的百分比是同樣的，即都是增加百分之十五；在玉米的正常產量是每英畝二十蒲式耳的貧窮社會裡，從自然授粉品種轉爲雜交品種每英畝產量只增加了三蒲式耳，而在每英畝正常產量爲六十蒲式耳的愛荷華州農場中，採用雜交品種每英畝要多生產九蒲式耳。由於要支付相當高的雜交種子價格，所以重要的是產量增加的**絕對量**而不是**相對量**。爲了使增加的產量達到九蒲式耳，在開始玉米的產量僅爲二十蒲式耳時，就要求雜交品種的產量比自然授粉品種高百分之四十五。

即使新要素的年平均產量比它所代替的舊要素要高得多，但由於天氣、蟲害及其他病害，每年產量的變化也很大。此外，由上述原因所引起的新要素的實際產量的變動是不可知的，而對舊要素的產量變動，根據多年來的經驗是瞭解的。因此，在新要素的預期產量中就必然有這些風險和不確定性的新成分。在確定有利性時應考慮到這些風險和不確定性，特別是因爲按物質儲備和經驗來看，貧窮社會的農民對付這些額外風險和不確定性的能力，不如高收入國家的農民，所以就更應該考慮到這個問題。

農業租佃制度對農民實際採用新要素的有利性顯然是有影響的。在土地所有者和農民之間分攤成本和收益的方式，有時會把爲獲得與採用新要素所需要的**全部**追加成本都加在農民身上，而只讓他得到由此所增加的**部分**產量。眾所周知，在這樣的租佃制度之下，要使農民用於新要素的額外成本與額外（總）收益相等是不可能的。當一個農民只得到所增加的產量的一半時，這就意味著，作爲刺激農民接受或不接受一種新要素的「有利性」只是眞正有利性的一半。

爲了理解近幾十年中前蘇聯農業引進新農業要素收效甚微的經濟基礎，就必須運用剛才提出來的方法，即分析農業租佃制度。用這種方法可以說明許多已經發生和仍在發生的問題。在前蘇聯，「地主」是國家，而「農民」是集體和國營農場的管理者、在農村工作和居住的許多擁有小塊土地的居住者。這些居住者還在自有的小塊土地上耕作著。⑦基本的「租佃制度」決定了成本和收益如何在「地主」與「農民」之間分攤。這種制度使得新農業要素的眞正有利性只有部分歸農民所有。因此，接受、採取並使用新要素的經濟刺激受到嚴重損

⑦ 希歐多爾．W. 舒爾茨：《大型拖拉機和許多鋤頭：評蘇聯農業》（根據一九六〇年夏季在前蘇聯所觀察到的情況而寫），芝加哥大學，第六〇〇六號論文（一九六〇年，油印本）。

害。要成功的從上至下引入大部分新農業要素也是不可能的。

因此，作爲總結現在可以說，貧窮社會農民接受新農業要素的速度，可以根據採取和使用該要素的有利性作出最好的解釋。有利性取決於價格和產量，僅僅檢視產量的相對增加是不夠的。成本的支付與利潤的獲得，要靠絕對產量的增加。新要素與被其代替的舊要素之間，逐年產量波動的差別是非常重要的。決定地主與農民之間如何分攤成本和收益的租佃制度，包括它在前蘇聯的轉變，可能會限制對一些要素的接受，而那些要素如果是在更加適宜的制度下會是十分有利可圖的。有效使用新農業要素所要求的更多知識和技能，不是最不重要的，而是到此爲止還沒有加以討論。論述這些問題之前，簡要的評論一下對資訊的尋求是合適的。

對新要素的尋求

在某些情況下農民大概要花費時間和金錢去尋求新農業要素。在美國，某些農民密切注意一個或幾個實驗站的研究，以便看看有沒有什麼他們可以採用的有利可圖的新發現，這種例子很多。研究新農業要素需求者這類行爲的有用分析方法，是把成本和收益的概念運用於尋求資訊。⑧在前幾章已提到了這一過程的某些內容。但是，還沒有可供利用的、把這方法運用於分析需求者這種行爲的研究資料。

任何一個處於貧窮類型社會的小農，都絕不會去尋求這類資訊，除非附近有某些試驗計畫或是透過某些合作安排來進行這種活動。即使他有心去尋求這種資訊，有心依靠自己的力量去做，並且到距離遙遠的其他農業社會去尋求資訊，這對他來說也是一種無法承擔的花費。爲此目的而出國更是絕不可能了。

但是，人們也許會認爲，經營大企業的農民會積極尋求新農業要素。南美洲某些地區有許多農場按規模肯定屬於大農場，從他們使用過時的傳統要素來推測，這些農民在尋求新要素方面要麼很不成功、要麼很不主動，他們在這方面做得不好的原因是個謎。原因可能在於，採用新要素的成本，對他們來說確實太高了。

如上所述，人們似乎可以根據構成以下論述的隱含假說，來預測種植園經營者尋求新生產要素的行爲。然而必須承認，對此還沒有進行過仔細的驗證。釐清這一假設是否具有眞正的解釋性意義是有益的。如果眞有的話，那麼就可以根據這一個假設，指出擴大尋求新農業

⑧ 喬治·J. 施蒂格勒（George J. Stigler）：《資訊經濟學》，載《政治經濟學雜誌》，第六十九期（一九六一年六月），第二一三—二二五頁。

要素有用資訊的範圍和有效性的途徑。

學會使用新農業要素

令人訝異的是經濟學家和其他學科的學者，很少注意學會有效的使用新農業要素的過程。要求學習多少呢？在這方面，顯然有些新要素是簡單的，而另一些要素是非常複雜的。在這一方面，雜交玉米是比較簡單的。然而即使在這裡農民也必須學會，不從種植雜交品種的地裡選下一年的種子，因為雜交品種不像農民所習慣的自然授粉品種那樣自己再生產——用這種方法所選的種子會很快改變它雜交的特性。莖可能會變矮、它可能倒伏、穗在成熟後容易脫落、果實可能變軟，甚至顏色也會不同。為了獲得最好的產量，作物要種得比自然授粉的高稈品種更密一些；需要施用更多的肥料，在能灌溉的地方適度的水的條件大概也與自然授粉的品種不同。因此，即使是像雜交玉米這樣簡單的要素，在能最好的進行種植之前也需要某些學習。就所需要學習的複雜性而言，另一個極端是用多產的乳牛代替普通的乳牛。

人們很容易錯誤的認為，一旦農民成功的用現代農業要素代替了傳統農業要素，就像任何一次性變化一樣，此後就不必再去學什麼了。在技術先進國家的農業中所看到的情況實際上並不是這樣。最近對賓夕法尼亞州典型牧民的實例研究充分說明了這一點。他們在一九四二年到一九五九年間採用了許多新農業要素。弗雷德里克・C. 弗利格爾（Frederick C. Fliegel）和約瑟夫・E. 柯夫林（Joseph E. Kivlin）區分出了四十三種這類耕作做法並發現有百分之五十以上的農場採用了二十三種，而百分之九十以上的農場採用了四種。⑨大量的新生產要素，對這些生產要素的迅速採用，特別是適應這一切的複雜的管理任務，提出了必需更多的學習知識，正是這種學習構成了作爲現代農業特徵的生產率提高的基礎。

1. 分類

與這方面有關的學習可以分爲學習新的有用知識和學習新的有用技能。這些知識與技能往往是互補的，而且在某些情況下它們之間的關係實際是固定的，因此就包含了不可分性。

可以通過三種方式獲得新知識和技能。第一種是沿用已久的方式，即透過嘗試和錯誤來學習，由嚴峻的經驗進行傳授。這往往是一種代價非常昂貴的方法，技術先進的國家已用其他方法代替這種方法，因爲其他方法是廉價的。在許多情況下，這也是一種學會如何最好的使用現代農業要素非常緩慢的方法。如果一個貧窮社會完全依靠這種過程，那麼，要在十年

⑨弗利格爾和柯夫林：《與採用速度相關的改進了的耕作實踐之間的差別》，第六九一號公報（一九六二年一月），賓夕法尼亞州立大學，農業實驗站。

或一代人的時期內實現現代化，前途確實是渺茫的。

第二種學習方法是通過在職培訓。這種培訓可以由出售新農業要素的企業、像農業推廣站這樣的政府機構或農民自己來提供。這種培訓透過私人企業或政府機構所組織的示範和討論來進行，有時也可利用特殊的短期培訓和業餘學校。這些培訓一般都在農閒季節舉辦。在實現這一目的方面，著名的丹麥農民學校作出了開創性成就。教農民使用和維修拖拉機、聯合收割機和其他複雜機械的短期培訓，也充分說明了這點。前蘇聯爲了實現生產某些作物的田間工作拖拉機化，在這方面投資了許多。在美國，最初把汽車和汽油發動機用於某些農業勞動時就給了農民（主要是年輕農民）足夠的知識和技能。這樣，當拖拉機和聯合收割機容易得到而且經濟時，他們就很方便容易的使用這些機械了。當引進農田拖拉機時，大多數年輕人已經掌握了所有關於汽油發動機的知識，這的確是眞實的。農民們還可以互相學習；首先試用新東西的人，就是他鄰居的老師。年輕人可以作爲雇工在使用現代農業要素的農場工作幾年，而學會使用這些要素。以後，他們會成爲獨立的農民，並使用這種新知識和新技能。在一個不再滿足於只從經驗中學習緩慢取得結果，而希望在短期裡取得比透過正規教育得到更多成果的社會裡，本段所簡要介紹的第二種方法是基本的。

第三種方法是教育，這在長期是最有效的方法。這裡把教育作爲一種向人力資本的投資；就現在討論的問題而言是向農民投資。從長遠的觀點來看，這類投資對貧窮社會的農業經濟成長是如此重要，因此下一章要專門進行討論。

2. 成本和收益

有用的知識和有用的技能，對達到我們現在探討的目的是有用的能力，它可以透過經驗、在職培訓和教育來獲得。獲得能力的每一種方法都需要某些成本，而其成果大概就在於從與新知識和技能相關的額外生產中所得到的某些收益。經濟分析的貢獻正在於把這每種活動作爲一種投資來檢視。一旦確定了每種活動的基本成本和收益，每種活動的投資報酬率也就可以估算出來。報酬率的差別就是指導私人和公共機構作出對這個領域投資決策的指標。

除了最近少數對教育經濟價值的研究外，經濟學家們還沒有研究這個投資領域。甚至在美國，儘管有大批農業經濟學家，但這個問題完全被忽視了。毫無疑問，對這些活動的投資不足，特別是美國對農民兒童的教育投資不足，其中一個主要原因在於缺乏有關的經濟學資訊，因而對投資不足的程度也就缺乏認識。⑩

從這種把農民作爲現代生產要素的需求者的檢視可以得出如下結論。在分析所觀察到的

---

⑩ 李·R. 馬丁（Lee R. Martin）的文章：《需要研究人力、社會和團體的資本對經濟成長的貢獻》，載《農業經濟學雜誌》，第四十五期（一九六三年二月）。這篇論文很有用，它概述了這方面的文獻，特別是它以農業爲對象。還可以參看作者的《教育的經濟價值》（紐約，哥倫比亞大學出版社，一九六三年）。

農民的接受速度時，使用新農業要素的有利性是個強有力的解釋性變數。大多數貧窮農業社會的農民人數少而且與外界隔絕，以至於不能尋求新農業要素的原因，在於相對於他們從這種尋求中所能得到的收益而言，花費的成本太大了。許多占有而且經營著很大農場的農民，尤其是南美洲某些地區的這種農民，爲什麼不能成功的尋求現代農業要素，這是一個謎。農民學會如何最好的使用現代要素，既需要新知識又需要新技能，這種知識和技能在本質上是向農民的一種投資。僅僅從經驗中學習不僅緩慢，而且在許多方面比其他學習方法要付出更大的代價。在教育能承擔起提供基本知識和技能的工作之前，在職培訓產生了很大作用，尤其是對這一代人更是如此。

第十二章　向農民投資

以下的主張具有激進的社會和經濟含義。這種主張包括兩個論點，即農民所得到的能力在實現農業現代化中是頭等重要的；這些能力與資本財一樣是被生產出來的生產資料。對大型人口群體來說，天賦能力的水準和分布大概是趨於相同的。但是，關鍵是後天獲得的能力。它顯然不是在出生時、在十歲時、甚至在以後受完中等和高等教育的年齡時就既定的。雖然在一生中人的技能與相關的知識都可以得到提高，但有充分的文化和經濟方面原因，可以說明在年輕時就獲得了大部分知識和技能。還有個基本經濟事實，即獲得能力並不是免費的；這些能力需要有實在的、可以確定的成本。這些成本在本質上是一種人力資本的投資。

現在越來越多的用「人力資源」這個詞來估計工作人員的數量和品質，無論這些人是熟練工人還是非熟練工人，或者是作爲管理者、企業家、規劃者和政府行政官員而發揮作用。本章正是要研究農民的品質因素。增加對這一因素的投資有幾種形式：教育、在職培訓以及提高健康水準。但是，還有其他向農民投資的方式，尤其是投資那些沒有機會上學或即使上過學但所受教育少得可憐，以致實際上不能算是有文化的人。

本書研究的中心論點是把人力資本作爲農業經濟成長的主要來源。它可以表述如下：貧窮經濟中成長緩慢的經濟基礎，一般並不在於配置傳統農業生產要素方式的明顯低效率；也不能用對這類傳統要素的儲蓄和投資率低於最優水準來解釋，因爲在正常的偏好和動機爲既定的條件下，邊際報酬率總是太低，不能保證有追加的儲蓄和投資。在這些條件下，迅速成長的經濟基礎不在於提倡勤勞和節儉。成長的關鍵在於獲得並有效的使用某些現代（從貧窮經濟中人民的經驗來看就是非傳統的）生產要素。如上所述，這些現代生產要素往往被經濟學家用「技術變化」來解釋。其中，現代農業要素的供給者是在農業實驗站工作的研究人員；他們在這問題上的貢獻是非常重要的。在新農業要素確實有利可圖時，農民的作用是作爲新要素的需求者來接受這些要素。但是，典型的情況是傳統農業中的農民並不尋求這些新要素。最後，主要取決於農民學會有效的使用現代農業要素。在這一點上，迅速的持續成長便主要依靠向農民進行特殊投資，使他們獲得必要的新技能和新知識，從而成功的實現農業的經濟成長。

但是，有個明顯的問題，即這種論點是不是過分重視農業中人力資源的品質呢？回答這個問題的方法是對比的來看待農民。①假定美國農業部門在耕作中所使用的土地和再生產性物質資本，與現在的一模一樣；再假定現在所有從事農業的人，統統被只有一個世紀前的耕作經驗而又沒有受過教育的人所代替。顯然，這對農業生產將產生極不利的影響。再繼續推論下去，又假定由於出現了某種奇蹟，印度或另一個像印度這樣的低收入國家，在一夜之

---

①這裡部分根據作者的《關於向人投資的說明》，載《政治經濟學雜誌》，增刊，第七十期（一九六二年十月）。

間獲得了一套可以與美國農業中使用的相當的自然資源、設備和建築物，以及所有其他現代（物質）農業要素，那麼，在印度農民現有的既定技能和知識的條件下，他們能用這些要素做什麼呢？毫無疑問，物質資本與人力資本之間將產生巨大的不平衡。

在論述與向農民投資相關的成本和收益之前，還要研究幾個次要問題，這些問題可以作為疑問提出來。為什麼在歷史上不依靠農民的品質因素，也有過農業生產的大幅度成長呢？為什麼西歐早期的工業化是依靠無文化的勞動力進行的呢？歷史上什麼地方的農業是把教育作為成長的來源呢？為什麼不能進口所需要的技能呢？

農業成長和人力資本的回顧

即使對經濟史有些瞭解，也會對農業成長是緊緊依靠農民所獲得的能力產生某些疑問。實際上有關農業的歷史記載也說明了，無文化的農民有時也能使農業生產迅速成長。農業的這種成長並不先要有教育、培訓和更好的健康。這些東西是後來才有的，這就像農民有了錢才買得起高檔消費品一樣。在檢視對新農業要素的接受速度時，已經證明有利性較之廣泛的文化差別，其中也包括教育和健康的差別，重要得多。因此，認為這裡所說的向農民投資主要是消費難道不正確嗎？

這裡要遇到幾個問題。幾乎沒有受過什麼教育的農民怎麼會從農業中實現經濟成長呢？

不是有這樣的國家嗎？它們向農民投資量增加了，但在農業生產方面並沒有明顯的效益。在所要求的知識和技能方面，工業與農業之間難道沒有什麼明顯的差別嗎？

歐洲人及其後裔在美國、澳洲和紐西蘭的殖民，曾引起過農業生產的大幅度成長。雖然與當時世界上其他地方的大多數農民比起來，這些農民有較高的技能，但這個時期的關鍵是按歐洲式耕作開墾了大量土地，是由於運輸的現代化和運輸費用下降所帶來的有利性。（艾爾弗雷德．馬歇爾在《經濟學原理》第八版的序言中，把這種發展作爲解釋土地地租下降的關鍵）整體來說，這種農業生產的成長，並不依靠農民獲得並有效使用整套現代農業要素。它要求大量的體力和某些耕種新土地的資本財。主要用於解釋的變數是農田供給的迅速增加。爲了耕種土地，健康的身體及所具有的精力和耐力是重要的。即使在使用幾種可用於播種、耕作和收割某些作物的新農業工具時，事前的教育也只有很小的作用。但是，除了在拉丁美洲的少數幾個地區，和某些由於缺乏道路及其他交通設施而無法進入的地區，好的農田不能再任意取用了。

再舉另一個例子，雖然水是由無知的農民使用的，但遍及印度的灌溉設施的建設還是導致了大幅度的農業成長。灌溉條件下的耕作不是件簡單的事，但這是印度部分地區長期以來就有的傳統耕作方法。即使這樣，新灌溉地區的農民仍要學習許多知識，文獻中充滿了惋惜之情，表明這個學習過程是如何緩慢和困難。

前蘇聯也沒有等到農業勞動者受了更好的教育，就迅速實現了田間作業的機械化。但是，前蘇聯在這種情況下做了許多工作來增加農民的現有技能。組織了一系列培訓班和職業學校來培養拖拉機駕駛員和聯合收割機操作員。②建立了機械和拖拉機站，並且配置受過操作和維修新式農業機械的特別培訓人員。

在一個以奴隸制爲基礎的經濟中，假設應該是，如果奴隸主爲其奴隸獲得新技能而進行投資是合算的，那麼奴隸主就會投資。既然在奴隸制存在時奴隸主進行這種投資的情況看來極少，那麼推論的結果應該是，對奴隸投資是不合算的。然而，對奴隸投資不合算的原因是很明顯的；如果考慮到奴隸的壽命很短，那麼償還投資的時間就比較短了。要求奴隸做的工作（例如鋤棉花、砍甘蔗）都需要很大的體力。③無論在任何地方，凡以奴隸制爲基礎的種

---

② 阿卡迪歐斯・卡亨（Arcadius Kahan）：《蘇聯職業培訓的經濟學》，載《比較教育評論》，第四卷，第二期（一九六〇年），第七十五—八十三頁。

③ 作者試圖檢驗這個假說：內戰前的美國，在那些農業要求某些技能和允許奴隸從事非農業技術工作的地方，奴隸主培訓過奴隸。很難找到一些基本事實。但是，也找到一點支持這一假說的資料。例如，在某些大河流的三角洲（例如，沿著密西西比河的三角洲）需要的奴隸是完全從事無技術的體力勞動的強壯男性青年。在南部一些開發早的地區，農業已發展爲較複雜的作物種植方式而且有了一些畜牧業，在這裡還允許奴隸成爲泥瓦匠、木匠、簡單的鐵匠以及準備並加工肉食的屠夫。在這個地區就培訓過奴隸來從事這些工作。此外，具有這些技能的奴隸還被其主人租給那些想要勞動力來做這類工作的人。在新奧爾良州，出現了一些讓奴隸

植園都不知道有什麼技術進步；它們的基本常規是使用強制勞動。教育對實施這種勞動常規是危險的。但是，爲什麼沒有更好的健康，以便延長壽命，實在是令人不解。

向農民投資的下一個問題是，關於這種投資對農業生產幾乎沒有什麼有利影響。很難看出有什麼支持這種關係的明確歷史事實。有很多例子是農民受到更好的教育，爲年輕農民尋找非農業工作創造了條件，因爲他們大概能靠新獲得的能力到農業部門以外去賺更多的錢。但是，顯然沒有一個例子表明受到更好教育的農民繼續留在農業中，這是與停滯的農業相聯繫的。看來這並不是眞正的問題。

但是，各種歷史資料都表明，農民的技能和知識水準與其耕作的生產率之間存在著密切的正相關。一個例子是第一次世界大戰前，由於某些原先種植低廉穀物的愛荷華州和伊利諾州的農民遷移到主要種植稻米的路易斯安那州，美國的稻米種植和生產有了顯著的進步。④另一個常被引證的例子，是住在阿拉巴馬州沙德馬太地區的德裔農民所得到的較大成功。在

識字的教育，而且有少數奴隸還非常成功的做了家庭教師。但在講英語的其他城市，州的法律禁止對奴隸進行這種教育。這項禁令的一個原因大概是認爲識字會增加奴隸逃往北方的機會。在講法語的地方，這種恐懼似乎不十分明顯。

④ 希歐多爾·W. 舒爾茨和 C. B. 里奇（C. B. Richey）：《美國的稻米種植》（愛荷華州立學院，一九三三年四月，油印本）。

南美洲部分地區有許多歐洲人和日本人移民的小片農業「飛地」（enclaves），他們的生產率水準高於其周圍的農民。

眾所周知，移民往往比在自己所離開的國家能獲得更大的成功，而且也在從事的職業上較當地人更成功。爲解釋這些雙重結果而提出來的一個假說是，按生產率來衡量，人們對他們的經濟環境中的這種變化反應是非常積極的。還有另一個在這裡要採納的假說，它包括兩部分：(1)在新地方比他們所離開的地方，生產相對增加的基礎是經濟機會的差別，以及(2)移民所達到的產量相對高於當地鄰居的原因，在於有用的技能和知識的差別。在這些情況下，移民在技能和知識方面有顯然的優勢。雖然仔細的檢驗這些假說還有待於進一步的工作，但對某些資料的初步檢視有利於後一種看法。

工業化的教訓⑤

因爲存在著一些，反對在工業化早期階段，任何向人力資本進行大量投資的頑固信念，

⑤這一節部分根據了作者在德克薩斯州達拉斯的南衛理公會大學所作的演講，這篇演講發表在《對外貿易與人力資本》一書中，保羅·D. 佐克（Paul D. Zook）編（達拉斯，南衛理公會大學出版社，一九六二年），第三—十五頁。

所以檢視這些信念有助於進一步闡明我們所考慮的問題。

首先讓我們來分析關於開始工業化時做事應遵循的順序和信念。如果一個窮國把更多的資源用於教育，那麼它就只能把較少的資源投資於新工廠、設備和存貨。因此，人們認爲，存在著一種自然順序，即首先發展生產率更高的工廠，然後再把得到的收入用於教育。按這個順序，一個國家就要使馬在車之前。可以引用許多歷史事實來支持這種順序。在西歐早期工業化期間，首先有了工廠和設備，隔了很長時間以後才辦學校和健康設施。那個時期的政府和商業暴發戶並不以普遍關心勞動者福利而聞名。勞動力是豐富而廉價的；主要是無文化又無技術的勞動力；勞動力所從事的大部分體力勞動，要求最大的體力。順便一提，從事不熟練的體力勞動的這種能力是古典的勞動概念，雖然這種概念顯然是錯的，但經濟學中的許多問題仍然與它有關。因此，改善工人的技能、知識和健康的計畫，並不是工業革命（Industrial Revolution）時期中取得進步的先決條件，這確是事實。那麼，爲什麼教育在今天是基本的呢？答案在於，現在窮國從事工業化時，使用的並不是一兩個世紀前那樣簡單而原始的機器和設備。即使他們希望用那樣簡單的設備，也辦不到了，因爲那些東西都已成爲博物館的收藏品了。

另一種經常表現出來的觀點基於這種信念：窮國只能使用少量熟練工人，因爲一般說來窮國主要是農業國，農業是落後的，而落後的農業不能雇用文化水準高的工人。因此，雖然新技能和知識在高收入國家是有用而有價值的，但在窮國則被認爲是多餘的。當然，這個問題主要是指農業，以後我們將考慮這一點。

許多文獻宣稱，窮國存在著許多「失業的知識分子」，而且這些文獻接著又強調這種類型失業中所固有的社會壓力和政治危險性。顯然，有一些從國外學習歸來的學生發現，要找到一份能發揮自己新技能和知識的工作是困難的。有人認爲，在這意義上，教育是窮國無法承擔的奢侈品。造成這種情況的眞正問題，應該是知識分子和歸國學生所具有的技能和知識，在經濟工作中是否有用，以及是否適應這些國家的經濟條件。

還有另一種關於教育的觀點，可以追溯到對大量湧入開發中國家的西方國家資本的使用。這種資本被用於建築港口、機場、鐵路、紡織廠和其他工廠，也被用於建立種植園。沒有把這種資本用於建立和經營學校。但是，顯然這種資本一般是高生產率的。爲什麼今天爲相同的目的而輸入的資本，不能得到那樣令人滿意的結果呢？這裡的中心問題是，一旦這些新企業建成後，由誰來管理？如上所述，一般說來精明能幹的歐洲職員伴隨著早期的資本輸出而來並管理新企業。這種安排現在是大多數從國外獲得資本的窮國所不能接受的。那麼，誰將去經營並管理新港務局、發電站、鐵路，特別是許多用現代化機械裝備起來的工廠呢？從最近的經驗得到的教訓清楚表明，**有時建設企業比培養經營和管理這些企業的高品質的人更容易一些**。

毫無疑問，無論怎麼說，限制窮國經濟成長的關鍵因素是資本比較缺乏。但是，這種說法有一個沒有回答的問題：缺乏哪種資本？是缺乏傳統的再生產形式的資本嗎？不。非傳統形式的資本是由物質資本和人力資本組成嗎？是的。根據某些教育、在職培訓和健康設施在本質上是資本的假設，問題就是：相對於向有用的技能和知識的投資而言，對物質生產資料的投資應該多一點呢，還是少一點？最近，與對窮國的經濟援助和國外貸款相關的經驗，同這一問題有關。

對窮國的經濟援助遠不如戰後對西歐國家的經濟援助有效。西歐戰後的復興及以後的成長大大超過了人們的預料，而實際上每個得到經濟援助的窮國的成長還沒有達到人們的預期。在評論戰後歐洲由於轟炸和折舊，所引起的工廠和設備嚴重損失的影響時，經濟學家們高估了這種損失對歐洲復興的限制作用。⑥人們低估了復興和成長的前途，這是因為在辨別和衡量生產能力時，沒有考慮到在戰爭的鬥爭和摧殘下存留的人力資本，及這種資本在現代經濟的生產中所產生的重要作用。另一方面，又高估了窮國的經濟成長潛力，而且這也是由於同樣的基本原因，即忽視了成長中的關鍵因素人力資本，而在沒有向人力資本投資的情況下，僅對追加的物質資本寄予很大的希望。對這兩種情況的錯誤論斷，是依靠片面的而不是全面的資本概念的結果。

⑥作者在《向人的資本投資》中詳細討論了這一問題，載《美國經濟評論》，第五十一期（一九六一年三月），第六－七頁。

該問題的另一方面是窮國只能以非常緩慢的速度使新的外國資本很好的發揮作用，這方面也可以用同樣的方法解決。那些負責讓窮國得到這種資本的人經常提到的判斷是：外國資本在最好的情況下也只能「緩慢而逐漸的」被吸收。但是，這種經驗與廣泛的印象是不一致的，這種印象是這些國家之所以貧窮主要是因爲資本太少，所以增加資本是它們更迅速實現經濟成長的眞正關鍵。要協調這兩種看法，這裡也只有將片面的資本概念轉變爲全面的資本概念。窮國從國外得到的新資本一般都用於形成設備和建築物，而沒有用於對人追加投資。因此，人的能力與物質資本不相稱，這種能力就成了經濟成長中的限制性因素。所以毫不奇怪，由於僅僅增加某些物質資源，吸收資本的速度必然是低的。

教育的價值何在

因爲教育是人力資本中最大而且最容易理解的部分，所以教育是向人投資的合適代表。教育在農業中什麼時候變得重要了呢？首先是一國生產者，而後是其他國家生產者採用新的生產投入，而引起的每英畝產量的增加有力的表明，在甘蔗生產的情況下，廣泛採用這種投入並不取決於農民受教育程度的差別，而在種植稻米或玉米的情況下，教育的差別可能是主要的解釋性因素。在第一次世界大戰前的一些年份中，主要生產甘蔗國之間產量的差別是很大的；以後產量的差別變得小多了。除少數例外，甘蔗生產的組織都是以壓榨和加工甘蔗的工廠爲基礎的。無論這種工廠是種植園組織的一部分還是種甘蔗農民的合作事業的一部分，該時期種植和收割甘蔗的工人或農民大多是文盲。相較之下，稻米（或玉米）的產量在近幾十年間變得差別越來越大。稻米產量的差別與種稻者受教育程度的差別是緊密相關的。在那些教育水準高的國家，稻米產量也高。投入的新組合是某些國家特別是日本稻米產量大幅度增加的原因，但那些種植稻米的農民基本是文盲的國家，一直沒有採用這種新組合。

採用並有效的播種和收割甘蔗看來，並不取決於那些在地裡工作的人的教育水準。在鋤棉中與教育相關的能力，也沒有任何經濟價值。但是，使用現代農業投入去種稻、種玉米或從事乳製品業看來完全是另一回事。這種對比就意味著根據技能和知識對農民作出簡單化的區分。在一種情況下教育看來並不重要，而在另一種情況下就很重要。

1. 不依靠追加教育投資的成長

在許多其他歷史環境下，農民所受教育的差別在農業成長中只有很小的作用，我們已檢視過這些情況。這些情況包括由開闢新農田所引起的成長，主要由公共機構提供水利灌溉所引起的成長，以及透過從其他部門引進熟練技工、從農村招募工人加以特殊培訓，使他會操作與維修機械，而實現的田間作業機械化所引起的成長；此外，還包括小的調整便能採取並有效使用有利的新農業要素而引起的那些成長。以前提到的雜交玉米便是恰當的例子。但是，要達到最好的產量，仍要求進行新的實作。印度的旁遮普邦，在按當地的實作種植時，雜交玉米與當地玉米之間每英畝純收益的差別是，雜交玉米僅比當地玉米高出百分之十。⑦但是，當引進間種技術並且施用肥料時，每英畝的純收益差別則成長到百分之四十五。

還有另外一些環境，在這些環境下無論教育水準如何，農業也會成長。當農產品的新市場使擴大生產有利可圖時，這種情況就是眞實的。上面所提到最近這種發展，是美國實行棉花價格支持的結果，這種政策在第二次世界大戰後的早期，把大部分世界市場（以及穩定的棉花價格）給予了棉花出口國家。當墨西哥政府在非常適於種植棉花的地區，修建了許多水庫和灌溉設施時，就出現了這種情況。但是，如果認爲給窮國的農產品開闢許多新的國外市場總是前景樂觀，就錯了。在這方面，更多的還要依靠對改善國內交通運輸和提供更好的銷售設施進行投資，因爲在許多情況下，這種投資會降低那種把貧窮農業社會中仍然孤立的農民，同其所出售的那部分產品的消費者分割開來的成本。

⑦ 拉塞爾．O. 奧爾森（Russell O. Olson）：《旁遮普雜交玉米生產的經濟學》，美國技術公司赴印度代表團，俄亥俄州立大學分隊（一九五八年十二月，油印本）。

2. 依靠追加教育投資的成長

一般說來，在技術上優越的生產要素是農業成長的主要來源的地方，就要考慮教育的重要性。這種說法還意味著，這種成長來源不再限於採用唯一的一種新要素，而是要求成功的採用多種這類農業要素的混合，⑧而且，進一步來說，採用的過程是一個漫長的、連續的過程。

在丹麥，若沒有向農民教育大量投資，就不會在一八七〇年到一九〇〇年之間實現對農業的改造。⑨丹麥農業的現代化典型的說明了這個事實：新農業技能和關於農業的新知識可以成爲農業成長的主要來源。大約同一時期，荷蘭的部分地區似乎也出現了類似的農業發展，雖然這種發展並沒有引起經濟史學者的注意。一九五〇年代期間，以色列⑩農業部門的迅速成長，特別是乳製品業和家禽業的迅速成長，要求高度的技能和知識水準。從事這種農業的人有非常高的教育水準，使得迅速獲得這些技能和技術成爲可能。我們能從這種特殊經

---

⑧ 查理斯·E. 凱洛格（Charles E. Kellogg）：《糧食生產基本技術的改造》，載《美國政治與社會科學院年刊》，第三百三十一期（一九六〇年九月），第三十二—三十八頁。

⑨ A. J. 揚遜（A. J. Youngson）：《經濟進步的可能性》（劍橋大學出版社，一九五九年）。

⑩ A. L. 蓋索：《以色列資本存量的使用和產量》，第一號特種研究（耶路撒冷，以色列銀行，一九六一年）。

驗中得出的推論是：具有高度教育水準的城市人，在農業現代化中，比教育水準較低的農民要有利。

要瞭解在亞洲條件下農民所受的教育對農業成長的有利影響，日本的成功是最好的說明。儘管在日本適於耕作的土地面積小，帶來了某些限制，但農業生產的成長，包括勞動生產率的提高是顯著的。在使用新知識和現代物質投入方面，達到的高度技能不僅實現了一年兩穫，而且有些地區實現了一年三穫，同時，每季收成和平均每個農業工人所生產的產量都增加了。依靠兩種公共投資使得作爲日本農業特徵的現代複雜的生產活動方式成爲可能：(1)投資於發現和開發特別適於日本的生物和其他條件的農業要素的研究工作；以及(2)投資於教育，這種教育不僅是針對向農民傳授知識的作物專家，而且是針對農民本身，尤其是要提高農民成功的使用包括複雜而困難的耕作實作在內的新投入的能力。

和歐洲的丹麥一樣，日本在亞洲表明了一個國家依靠現代技能和知識運用於農業生產，能取得什麼成就。正如安東尼．M.唐指出的，日本開始對鄉村教育投資是在「儘管政府把教育作爲一種投資，但傳統農業還不能充分證明這種支出是正確的時候」。[11]他的研究表明

⑪ 安東尼．M.唐：《討論：美國幫助亞洲低收入國家提高人民經濟能力的努力》，載《農業經濟學雜誌》（論文專號），第四十三卷，第五期（一九六一年十二月），第一〇七九頁。

了，日本在一八八〇年到一九三八年間對「鄉村教育和農業的研究、開發、推廣所進行的投資」每年所產生的報酬率是百分之三十五。⑫

引進技術的經濟學⑬

主要因爲許多公共計畫都想透過技術援助和相關的經濟援助形式，把認爲有用的技能和知識從一國轉移到另一國，於是就產生了以下問題：這些計畫在多大程度上是窮國實現農業現代化的有效措施呢？

低收入國家既可以引進，也可以在國內生產某種技能和知識。引進又有兩條途徑：一條是吸引外國人來傳授技能；另一條是一些人出國掌握了這種技能和知識後再回來。爲了引進技術，一個國家的企業、個人和政府可以雇用外國的農學家、遺傳學家、土壤學家、經濟學家和有其他所需要的技能的外國人。也可以邀請某些外國人，主要是有名望的人，來進行兩

⑫ 安東尼·M.唐：《一八八〇—一九三八年日本農業發展中的研究與教育》，載《經濟研究季刊》（第一部分：一九六三年二月；第二部分：一九六三年五月）。

⑬ 與這一節相關的有作者的一篇文章：《美國幫助亞洲低收入國家提高人民經濟能力的努力》的一部分，載《農業經濟學雜誌》，第四十三卷，第五期（一九六一年十二月），第一〇六八—一〇七七頁。

週或幾個月的巡迴訪問（也有一種做粗活的人來服務一兩年）。

引進技能和知識的第二條途徑，是選派一批人出國去掌握某種能力。這些人可以作爲特定代表團的主要成員到國外各地旅行，並透過準備不夠充分、過分勞累的翻譯員學習了一些不知什麼東西。某些出國的人可以短時間住下來到現場實習，或者進學校或研究機關學習。

低收入國家的這些技能和知識的另一個來源是在國內生產它們。在這一方面現在的做法存在著嚴重缺點。某些低收入國家過分強調引進所需要的技能和知識，忽視生產這些技能和知識；應急計畫多而從事長遠事業少；過分重視大學教育而較少發展小學和中學；向外國學生所提供的培訓和教育，是適應學生在其中學習的所在國經濟所需要的技能和知識，從而離低收入國家經濟對這種能力的需要太遠了；最後，把教育計畫和經濟發展計畫切割開來也是錯誤的。

1. 引進或國內生產

各個低收入國家與這一問題相關的環境很不一樣。與來自外貿的收益一樣，它完全取決於表現在要素和產品相對價格上的相對天賦和能力。一般說來，採用哪種方法並不是一定的，因爲無論是引進的還是國內生產的技能都有其優點，各自都能服務於不同的技術要求。毫無疑問，在美國工作的墨西哥人從所獲得的在職培訓中得到了許多好處。同時，也有許多更高的技能可以由墨西哥人在墨西哥技術學校很快學到，這比出國學習要便宜得多。

美國的農學院在出口與農業相關的技能和知識方面，大概能產生重大的作用。然而，一九五九—一九六〇年間在美國高等學校學習的近五萬名外國學生中，僅有一千六百人左右在學農業。⑭相對於總註冊人數而言，在美國學習的外國學生並不多（與六個歐洲國家在總註冊學生數中外國學生占百分之四—百分之三十相比，美國的外國學生僅占總註冊學生數的百分之一點五）。⑮更加嚴重的是低收入國家比較忽視發展完成這一任務的機構。與某些基金會不同，直至前不久，政府機構在協助低收入國家發展有效的教育和研究中心方面，既無權又無能。

2. 應急或長期計畫

政府計畫比基金會主辦的計畫做的事要少得多，主要原因之一是政府經辦的主要是應急計畫。固然總有一些意想不到的需要，要求有一種迅速的短期計畫，但低收入國家要求的那

---

⑭ 肯尼士·霍蘭（Kenneth Holland）：《他是誰？》，載《美國政治與社會科學院年刊》，第三三五期（一九六一年五月），第十—十一頁，表一與表二。

⑮ 威廉·J. 普拉特（William J. Platt）：《論教育的戰略》（斯坦福研究所，加利福尼亞，一九六一年），表一。當然，在某些美國高等學院，外國學生的比例也與歐洲一樣高，這是正確的。

些基本技能和知識，最好由可靠的長期教育和研究計畫來提供。少量短期培訓出來的能修理卡車或檢修各種機械的技工、少量會駕駛拖拉機、記帳或管理榨油過程的人，滿足不了這些基本要求。應該提到的是，波多黎各在為自己發展許多低收入國家所要求的各種學校方面做得很好。在這方面，有哪個低收入國家的政府技術援助能與波多黎各相比呢？的確很少。

3. 各級教育的分配

無論是提供經濟援助的國家，還是許多低收入國家的領導者都有一種固執的偏見，即反對擴大並改善中小學教育的計畫。大多數技術援助計畫都集中在公共衛生、農業、工程、工業生產力、公共和企業管理以及某些商業學校與在職培訓上。給學生獎學金讓他到國外學習的也多屬於這些專門領域。忽視中小學教育是非常目光短淺的。從長遠的觀點來看，在應該進行人力資本投資時，真正能盈利的也許正是這些總被忽視的領域。

4. 錯定了教育外國學生的方針[16]

對這方面的錯誤談得很多，但糾正這種錯誤所作的努力遠遠沒有達到目的。例如，當低

---

[16] 在這方面曾對政府贈予地制度的農學院進行了全面的批評性評論，參看亞瑟·T. 莫舍：《討論：美國政府贈予地大學的國際機會》，載《農業經濟學雜誌》（論文集），第四十三卷，第五期（一九六一年十二月），第一〇六四—一〇六七頁。

收入國家的學生來美國學習時，他們往往獲得適用於美國經濟的技能和知識，而不是得到適用於自己回國後所面臨的環境的技能和知識。農學院的教育與任何一個專門領域一樣有力的支持這種主張。大部分農業教育，對一般原理講得少，而對學校所在州或地區的農業特徵講得詳細。在國外傳教的機構瞭解許多學院教育的這種缺點，要求由它們資助的學生從一個學校轉到另一個學校，來解決這個問題；但結果更糟，因爲轉來轉去什麼也學不會。學院可能而且應該改進其教育，因爲在這樣做時，它對美國學生也會有更大的價值。所以，得出的結論是，盡可能快讓低收入國家學生在本國受到這種教育。

5. 向物的投資與向人的投資之間的聯繫

這種聯繫的邏輯基礎是資源最佳配置的概念，這種概念不僅適用於各種資本財的投資，而且更重要的是適用於資本財與人的能力之間的投資。從形式上講，這概念提供了一個投資標準，以便向人和物的投資既不會過分也不會不足。但是，有許多重要的偏見，就很難達到最佳化。

向人力資本投資

儘管存在著某些農業技術，引進它會比在低收入國家生產更爲廉價，但國內生產的技術總是現代農業生產所需要獲得的各種能力的主要來源。為了獲得這些能力，就必須向農民投資。

但是，這些投資遇到了重重障礙，因此，毫不奇怪，投資的量總小於最佳投資量。對於實現農業現代化所要求的新技術，對於以現代生產要素為基礎的耕作是一種高度熟練的職業，仍然缺乏認識。許多窮國認為體力勞動，其中包括農業勞動是低賤的，從這個意義上說，某些障礙基本是文化方面的。於是，認為任何一個願意從事體力勞動並有健康體魄的人，都能從事耕作的觀點，很容易被接受。所需要的哪一種農業技能的供給都被認為是充分的。在這樣的文化背景下，人們就認為，對農民的教育作用甚小，充其量只是有助於改善關於文化程度的國民統計，也許會增加農民的消費，而窮國是承擔不起這種消費的。教育和其他向農民的投資一般包括政府和私人支出，而這方面的政府支出往往被其他與此相矛盾的公益事項所擠掉，這也是確實的。

1. **政治障礙**

有兩個主要政治因素是所觀察到的向農民投資不足的原因，而其中一個因素造成了向這種形式的人力資本的嚴重負投資。這些政治因素是：(1)在大地主政治上擁有強大權力的地方，他們將維持現狀以頑固的保障既得利益；(2)在把對工業的投資作為窮國實現經濟成長的基本途徑的地方，農業技能和知識被忽略了；(3)在意識形態上要求消滅土地和其他（物質）生產資料的私有制的地方，農民變成了狹義上的農業工人，他們的經營技能也就失去了。

大地主的政治影響在全世界顯然正在縮小。原因部分是政治的，而部分是經濟的。民主的發展傾向於個人收入分配的均等化，而且傾向於政治上有利於小農。在經濟方面，有兩種基本發展。無論所有制的形式如何，一個成長的經濟中農業部門的相對縮小減少了農民的影響。但是，更重要的是非常大的農場和不在所有制，是生產畜產品方面一種效率較低的安排，而隨著經濟成長帶來的收入增加，畜產品成爲農業中很大而且正在日益擴大的部分。

與此同時，某些窮國仍由政治上有影響的地主掌權。可以預見，這個群體必定反對和拖延對廣大農民進行教育的政府支出。在他們看來，這種教育不僅無用而且還有害。它可能成爲削弱他們政治地位的一種干擾。誰知道卑微的學校教員的日常工作，在政治上會發生什麼事情呢？

再來考慮一個廣爲流行的意見，即把經濟成長完全等同於工業化。在政府透過計畫和發展計畫致力於提高經濟成長率的許多窮國裡，這些看法形成了經濟政策。典型的情況是我們所看到的下列順序。開始是對工業工廠和設備投資；但是很快就清楚，現代工業要求具有現代技能的工人和管理者；於是便糾正對這種技術投資的忽視傾向；與此同時存在著一種輕率的推斷，即認爲農業生產將透過提供部分工業化所需要的資本，透過向擴大中的工業提供部分工人，特別是認爲可以不提高農產品價格，透過生產足夠的追加糧食和其他農產品以滿足日益增長的需求，來支持工業化過程；但是，後來痛苦的發現，實現農業現代化也是必需的。同樣的循環又重複了，即要制定出提供農業機械、灌溉設施和更多肥料的計畫。然而，沒有制定出向農民投資的計畫，因此農民沒有獲得有效使用現代農業要素所必需的技能和知識。

在那些在意識形態上專橫的宣稱，國家是地主、而農民必須是嚴格意義上的農業工人的國家，可以看到下列順序。一旦這種國家完全獲得了政權，它就開始基本上消滅對農田、農業機械和其他物質生產資料的私有權。在實現這一目標中，不僅是不在的私人地主和雇用一些勞動力的居住農民，就連那些使用自己及家庭成員勞動的、居住的、獨立的農民（有時也說是農民或耕種者）也失去了對農業生產資料的所有權。在採取這個步驟時，主要是由於摧毀了運用技能的經濟刺激，許多農業技能喪失了。在極端的情況下，確實清算了大量農民，其中許多人是最熟練的農業勞動者。這樣，在農業技術中就出現了嚴重的負投資。還沒有證明，在這種狀況和缺乏經濟刺激的條件下，國家作爲地主發揮作用，能夠採取並有效的使用現代農業生產要素。在前一章我們已檢視了這種失敗的經濟基礎。

這三種向農民投資所設置的政治障礙的確是嚴重的。雖然一般說來大地主的政治影響正在減少，但在某些窮國裡，這種影響仍然是根深蒂固的。認爲在實現迅速的經濟成長只有工業投資最重要的頑固觀點，正逐漸被關於成長來源更加全面的觀點所修改和代替。在國家不僅是地主而且還掌握了所有其他（物質）農業生產要素的地方，還沒有什麼跡象表明，可以很快獲得現代農業生產所需要的技術和知識。

2. 向農民投資的類別

雖然爲了便於解釋，我集中談了學校教育的投資，但也還有一些活動具有人力投資的特性。在這方面以下的分類是有用的。⑰(1)對於正在從事耕作而不能上正規學校的成年人來說，農閒期間的短期訓練班、傳授新耕作法和家庭技術的示範，以及不定期對農民進行教育的會議，都能產生重要作用。某些（新）農業要素的供給者發現，在某些情況下從事這些活動是有利可圖的。經驗表明，在這種成人教育中，農民學校、社區計畫和特別的農業推廣站可能是成功的。在農民有文化的地方，出版物和報紙一般就成爲對農民進行繼續教育的主要工具。無線電廣播已爲許多貧苦農民服務，但是，除了少數高收入國家，電視仍然是昂貴的。(2)在職培訓⑱和學徒制在工業中是非常有用的，但並不適用於窮國的農業。(3)向農民的投資中，正式建立初等、中等和高等學校是基本的。基本成本比一般所認識到的高，因爲

⑰ 這種分類是本書作者在《向人力資本投資》一文中提出來的分類的擴大，載《美國經濟評論》，第五十一期（一九六一年三月）。

⑱ 雅各．明歇爾（Jacob Mincer）：《在職培訓：成本、收益與某些含義》，載《政治經濟學雜誌》，增刊第七十期（一九六二年十月）。

一般沒有看到學生在上學時所放棄的收入。教育的收益不能馬上或在不久的將來獲得。要在許多年裡才能償還教育的費用。這是一種擴展到更遙遠的未來的長期投資。因此，農民預期壽命是決定這類投資報酬率的一個重要變數。下面還要進一步檢視教育的成本和收益。(4)健康設施和服務，⑲廣義的來講包括所有影響農民的壽命、力量和精力、活力的支出都應屬於主要投資的類別。正如剛才論述教育時指出的，其他條件相等時，報酬率取決於預期的壽命。能使人的生產性生命增加五年、十年或更多年的健康水準的提高，都大幅度的增加了其他任何一項人力資本投資的報酬率。(5)使一個人從所從事的一項工作轉到(遷移到)一項更好的工作的成本，可以作爲對作出這種轉移的人的一種投資。⑳由於這種原因而促成的農業內部的移動有時是重要的。美國開發的早期某些農民曾離開新英格蘭各州到西部去，許多農民從巴西東北部遷移到南部。最近前蘇聯對「新大陸」地區的開發是另一個例子。但是，一般說來，與農業相關的移民的成本和收益，在農業人口和農業勞動正在減少的高收入國家最

⑲ 塞爾瑪・J. 莫斯肯（Selma J. Mushkin）：《作爲一種投資的保健》，載《政治經濟學雜誌》，增刊第七十期（一九六二年十月）。

⑳ 拉里・A. 斯加思塔（Larry A. Sjaastad）：《人力遷移的成本與收益》，載《政治經濟學雜誌》，增刊第七十期（一九六二年十月）。

爲重要。

3. 教育的經濟價值

教育的成本、教育的收益，以及教育是經濟成長的來源，越來越受到經濟學家們的注意。因爲作者在《教育的經濟價值》[21]中所作的檢視是眾所周知的，所以這部分將限於論述與農民教育相關的特殊問題。

初等教育是最有利的。當孩子們仍然非常小不能做什麼有用的農事時，初等教育每年只需要最低的教育成本。因此，只有直接成本，即支付給教員的工資、經費的利息、校舍的折舊和維修，以及買書和其他日常用品的開支。對六歲到十歲的孩子來說，上學很少會失去收入。而掌握一些有用的文化也就需要五年左右。從文化中得到的好處是很多的，其中某些好處還會擴散。換言之，這些好處部分由學生及其家庭占有，部分由其他人占有。在降低成本和提高經濟的生產率中，文化有重要的價值。

以前所進行的討論清楚說明，在可以利用出版物時，生產並向農民分發有關新技能以及與之相關的經濟資訊的成本會大大下降。當農民有文化時，農業雜誌和報紙一般就成爲重要的資訊工具。農業推廣站也可以利用公報、小冊子和印刷物等教育品，這些東西在許多方面

㉑ 希歐多爾·W. 舒爾茨：《教育的經濟價值》（紐約，哥倫比亞大學出版社，一九六三年）。

比完全以口述來與農民聚會要便宜得多。

一方面，從文化中得到的好處是很多的，另一方面，前五年的教育中還有其他經濟價值。其一，即伯頓．A. 魏斯布羅德（Burton A. Weisbrod）所強調的，一個受過五年教育的孩子才會有選擇繼續受教育的自由。[22]在向教育追加的投資具有較高報酬率的意義上說，更多的教育的價值是大的。比如說，沒有受完小學教育的學生就沒有資格進入中學，因而他就不能得到與中學教育相關的收益。當某些農民，一般來說是青年人，離開農業去從事非農業工作時，還能從學到的有用知識中得到其他好處。這裡還有兩種好處，即由於青年農民有更好的條件並能得到更高的收入而歸他本人的好處，以及由其他人占有的好處。正如魏斯布羅德所說明的，在生產中雇主和其他與青年農民一同工作的工人成為「與受益者相關的就業者」，而在滿足消費者偏好中，他的鄰居成為「與受益者相關的居住者」。[23]

在透過工農業現代化而實現了成長的經濟中，具有實際文化的經濟價值是高的，但文化絕不是一切。初等教育能夠而且應該作出更多的貢獻，但無論如何它還取決於所教的內

---

[22] 伯頓．A. 魏斯布羅德：《教育與人力資本投資》，載《政治經濟學雜誌》，增刊第七十期（一九六二年十月）。

[23] 同前註。

容。在許多貧窮社會裡所教的內容，遠遠不能適應於想透過經濟現代化，來增加實際收入的社會。還有一些嚴重的文化障礙。流行的文化價值觀一般不僅排斥現代文化中的科學和技術部分，而且貶低教育學生的內容中的這個重要部分。如果農民要有效的使用現代農業生產要素，他們就應該比許多從事非農業工作的工人，獲得更多的從科學中得到的技能和知識。在學校管理如此分散，以至於有當地社會插手決定課程的地方，農民孩子的雙親對所教的內容有職業性的影響。這種分散管理方法有許多優點，但一個缺點就是過分強調直接有用的或狹窄的職業內容。這些當時所學的多數內容，隨著該社會的農業採取並使用更現代化的農業要素時，將變得完全過時。

向農民孩子投資的報酬率如何呢？除了始終完全依靠傳統農業要素的社會，以及拒絕利用經濟誘因和機會去實現農業現代化的社會，初等教育的收益大概是很高的。除了某些例外，儘管教育的內容有缺點而且人民的壽命較短，報酬率仍然是高的。而且，當窮國實際上開始農業現代化的過程時，農民的教育水準低下，很快就成爲農業成長率的限制性因素。㉔現在所得到的這類線索都支持初等教育是一種非常有利的投資這個暫時的判斷。即使所

㉔ S. 霍瓦特（S. Horvat）：《最優投資率》，載《經濟學雜誌》，第六十八期（一九五八年十二月），第七四七—七六七頁。在他的公式中，「教育和知識」這一變數成爲窮國成長率的一個限制性因素。

考慮的只是歸於獲得教育的那些人的好處，看來報酬率也大大超過了對物質資本投資的報酬率。卡爾·S. 肖普（Carl S. Shoup）及其助手估計，根據無文化的農業工人與受過六年教育的農業工人的收入差別來看，委內瑞拉初等教育（從一年級到六年級）增加的收益是每年百分之一百三十。㉕一般來說，對教育報酬率的估算是初等教育大大高於中等和高等教育，雖然後兩類教育的報酬率也超過了一般投資的報酬率。㉖在美國國內，南部的報酬率，特別是南部初等教育的報酬率大於北部。南部對改善和增加初等教育量追加百分之十的投資，大概可產生百分之三十的報酬率。㉗格里利切斯和邁克·吉賽爾（Micha Gisser）的研究說明，農民所受的教育是解釋農業生產的重要變數，而且按成本和收益來看，這是非常有利的

㉕ 卡爾·S. 肖普編：《委內瑞拉的財政體制》（巴爾的摩，約翰·霍普金斯出版社，一九五九年），第十五章。百分之十的報酬率用於進入這種初等教育的六年中的累積性的成本。
㉖ 希歐多爾·W. 舒爾茨：《教育的經濟價值》，第三部分。
㉗ 希歐多爾·W. 舒爾茨：《教育與經濟目標》，載《經濟研究所》（喬治亞大學，波士頓，喬治亞州），第二十二期（一九六二年六月）；由北卡羅來納州立學院，農業政策研究所出版。參看伯頓·A. 魏斯布羅德的一篇文章中對南方作的類似估算。這篇文章還提交給了阿色維爾大會，並收入北卡羅來納州立學院的出版物中。

投資。[28]

總而言之，一個受傳統農業束縛的人，無論土地多麼肥沃，也不能生產出許多糧食。節約和勤勞工作並不足以克服這種類型農業的落後性。爲了生產豐富的農產品，要求農民獲得並具有使用有關土壤、植物、動物和機械等科學知識的技能和知識。即使農民得到了知識，如果是命令農民去增加生產也必然要失敗；需要採用向農民提供誘因和獎勵的方法。使這種改造成爲可能的知識是一種資本的形式，這種資本需要投資——不僅對體現了部分知識的物質投入投資，而且重要的是向農民投資。

㉘ 這些研究是在芝加哥大學進行的。邁克・吉賽爾的研究包括在其博士論文中。這些研究成果還沒有發表。

索引

人名

五畫以下

六畫

七畫

八畫

九畫

十畫

十四畫以上

經典名著文庫049

改造傳統農業

作　　者── 希歐多爾•威廉•舒爾茨(Theodore W. Schultz)
譯　　者── 梁小民
發 行 人── 楊榮川
總 經 理── 楊士清
文庫策劃── 楊榮川
主　　編── 李貴年
責任編輯── 何富珊、王翠華
文字校對── 沈美蓉
封面設計── 姚孝慈
著者繪像── 莊河源
出 版 者── 五南圖書出版股份有限公司
地　　址── 臺北市大安區106和平東路二段339號4樓
電　　話── 02-27055066(代表號)
傳　　真── 02-27066100
劃撥帳號── 01068953
戶　　名── 五南圖書出版股份有限公司
網　　址── http://www.wunan.com.tw
電子郵件── wunan@wunan.com.tw
法律顧問── 林勝安律師事務所 林勝安律師
出版日期── 2018年10月初版一刷
定　　價── 330元

國家圖書館出版品預行編目資料

改造傳統農業 / 希歐多爾.威廉.舒爾茨(Theodore William Schultz); 梁小民譯. -- 初版. -- 臺北市 : 五南, 2018.10
面；　公分 . -- (經典名著文庫；49)
譯自 : Transforming traditional agriculture
ISBN 978-957-11-9924-5(平裝)

1.農業經濟　2.農業經營

431　　107014726